优秀的人
不会输给情绪

林开平◎编著

北京日报出版社

图书在版编目（CIP）数据

优秀的人不会输给情绪 / 林开平编著 . -- 北京：
北京日报出版社 , 2025.1
ISBN 978-7-5477-4777-3

Ⅰ . ①优… Ⅱ . ①林… Ⅲ . ①情绪–自我控制–通俗
读物 Ⅳ . ① B842.6-49

中国国家版本馆 CIP 数据核字 (2024) 第 018750 号

优秀的人不会输给情绪

出版发行：北京日报出版社
地　　址：北京市东城区东单三条8–16号东方广场东配楼四层
邮　　编：100005
电　　话：发行部：（010）65255876
　　　　　　总编室：（010）65252135
印　　刷：三河市华东印刷有限公司
经　　销：各地新华书店
版　　次：2025年1月第1版
　　　　　　2025年1月第1次印刷
开　　本：880毫米×1230毫米　1/32
印　　张：7.5
字　　数：161千字
定　　价：58.00元

目　录

第二章

理智与冲动

第三章

人情与公理

第四章

低调与高调

第五章
自修与胜人

第六章
真诚与欺瞒

第七章
宽容与苛求

第八章
随和与任性

第九章
利己与利人

第一章

原则与随性

人不是为了原则而生活，是为了幸福而生活。但是没有原则和信仰的人是不会幸福的。

——［土耳其］奥尔罕·帕慕克

说话做事讲原则，做人才有威信力

总有人问我，什么人最有威信力？我的回答是："说话做事要讲原则。"有原则的人能赢得别人的尊重和信任；无原则的人没有底线，没有人愿意追随。

几年前，我报了驾校考驾照，一些"有经验"的朋友提醒我："到时候别忘了给教练拿两条烟，送点儿礼物，你要不送，他们就不好好教。"虽然我反感这种做法，但为了能顺利拿到驾照，我也照做了。谁料我的教练郑元却说："我这儿不兴这一套，我从驾校拿工资，教好你是我的本分。"郑元虽然没收受我的任何好处，却依然教得很认真。后来熟了，我问他："别人都收，你为什么不收？"他说："这毕竟是不对的。我只做我该做的事，这样至少不会犯错误！"我对他十分敬佩，考完驾照后和他成了好朋友。再后来，他想转行去安徽开超市，找我帮忙，我没有过多顾虑，就把积蓄投了进去。因为我知道，他的人品值得我信赖，他这个人值得我追随。当然，事实也证明我的看法是对的。

郑元的做法看似有点儿呆板，可他却保持了自己高洁的人格，赢得了人们的敬佩。做人，要规矩老实、安分守己，说该说的话，做该做的事。有人说社会是个大染缸，可只要你讲原则，便能在不良风气面前"出淤泥而不染"。没有几人愿意跟污浊的人交往，你的"出淤泥而不染"，将为你赢得他人的好感，为你凝聚人脉。

春秋时期的晋国理官李离在审理一宗案子时，由于偏听偏信下属的一面之词，致使一个人冤死。事实被查明后，李离知道自己误杀了人，准备以死谢罪。当时的晋文公却说："官有贵贱，罚有轻重，况且这件案子主要错在下面的办事人员，又不是你的错误，算了吧。"李离却说："平时，我没有跟下面的人说大家一起来当这个官，我拿的俸禄也没有与下面的人一起分享。如今犯了这么大的错误，我怎么能够将责任推到下面的办事人员身上？"于是李离拒绝听从晋文公的劝说，自杀而死。当然，他的做法可能并不值得提倡，但他勇于承担责任，懂得正人先正己的高贵品德，实在令人敬佩。

孔子说："其身正，不令而行；其身不正，虽令不从。"在孔子看来，要求别人做到的，自己要先做到，要做好表率，起带头作用，这是其身正。只正人不正己，要求别人做到的，自己不想做到或根本就做不到，不能够以身作则，这是其身不正。现实中也有很多人，他们做报告时，说得冠冕堂皇、天花乱坠，而实际上自己却是表里不一、言行相悖。如果他们身居要职，出现虽令不从的情况，那么首先就该从自身找原因。

在日常生活和工作中，不管是作为一个普通人还是作为一个管理者，如果想要成功管理部下，让别人尊重自己，就必须严格要求自己，说话做事讲原则，率先垂范，由此才能让别人信服。

在筹备拍摄《铁齿铜牙纪晓岚》第四部时，张国立团队里的工作人员及圈内的朋友纷纷向他推荐演员，希望能让自己的亲人或者朋友在他的电视剧里露一个脸，但有的人推荐的演员在面试时演技很差。张国立经过一番审核，最后决定无论关系多硬，演技差的都坚持不用，这让不少人心生不满。为此，张国立说，观众喜欢我们的电视剧，我们不能让观众失望，更不能对不起观众。选演员就是要看演技，看是否适合角色，不能看是谁推荐的。即便如此，依然没有消除大家的不满。

后来，又有一个老板愿意拿出上百万元赞助张国立的剧组，目的就是让自己的家人在剧中出演一个配角。这次张国立又毫不犹豫地拒绝了。那个老板以为自己出的钱少，于是又增加了几百万元的投资。张国立实在无奈，只好和中间人说，不是钱的事，如果他推荐的人能演好，我不要他的钱，还可以提高片酬呢。经此一事，大家都理解和信服了张国立，被他做人和做事的原则性打动，并全心全意支持他。

说一套做一套，或者要求别人怎样，自己却做不到，这样的人是没有威信、没有号召力的。张国立说的那一番话，表明他是一个负责且讲原则的人，像他这样的人自然能得到人们的敬重。他的演艺事业能达到如今的高度，与他坚守原则有很大的关系。

在人际交往中，我们要做一个讲原则的人，如此我们才能更有威信力，我们说的话别人才会认可和接受。这样我们身上的正能量就能够影响别人，别人会更愿意与我们长久交往。

1965年，土光敏夫就任东芝公司的总经理。当时的东芝由于组织庞大，人员层级过多，导致管理不善，员工纪律松散，公司业绩低下。土光敏夫接管东芝后，便决定彻底改变公司的状况。当时，土光敏夫经常挂在嘴边的一句话是："以身作则最具说服力。"下面这件事就有力地说明了土光敏夫身为领导遇事能够冷静地处置，以身作则的管理之道。

有一天，一位董事长想参观一艘巨型油轮，因为土光敏夫已看过多次，所以大家事先说好由他带路。看油轮那天，土光敏夫一早就到了约定的地点，而董事长乘公司的车随后赶到。下车后，董事长以为土光敏夫也是乘公司的专车来的，便说："我的车出了点儿问题，咱们就坐您的车去参观油轮吧。"土光敏夫说："我没有乘公司的车，咱们搭电车去吧！"董事长一听土光敏夫没有乘公司的车，当场就愣住了，羞愧难当。

为了避免浪费，使公司费用支出合理化，土光敏夫以身作则搭电车而不用公司的资源，实实在在地给那位董事长上了一课。事后，这件事传到了公司内部，公司上上下下的人立刻心生警惕，不敢再随意浪费公司的资源。正是由于土光敏夫对东芝的有效管理，东芝的经营情况才逐渐好转。

所以说，领导者的一言一行对公司的整体发展有着重大的影响。如果领导者能遵守单位的规章制度，严格管理自己的情绪和行为，对工作尽职尽责，那么他在员工心中会产生威信，员工自然会尽忠职守，他的管理就会事半功倍。

由此可见，振臂一呼、应者云集的领导能力绝不是一个领导职位就能赋予的，没有威信的领导只不过是一个空有职权威慑的空壳。良好的声誉也并非年龄和财富所能赋予的，那要归功于我们在日常生活中表现出来的良好品德与素质。因此，我们每个人都要谨记，只有自己以身作则，以身为范，正人先正己，才能得到别人的尊敬和信任。

不因他人改变自己说话做事的初衷

人际交往中，我们对别人的意愿不可能全盘接受，总要有所不受，如果不加选择地全盘接受，对己对人都是不利的。有所不受，就是要有选择性地接受别人提出的意见和建议，不会因为不好意思或者其他方面的原因勉强自己去接受。也就是说，无论在任何情况下，只要自己说的话或者做的事是正确的，就应该坚持，千万不要因为别人的三言两语就改变自己的初衷。

春秋战国时期，各诸侯国互相征战且遇天灾，民不聊生。齐国富人黔敖做好饭菜施舍给过往的饥民们。这时，有一个瘦骨嶙峋的饥民走过来，黔敖见他一副可怜相，便端着饭菜对着这个饥民大声吆喝："喂，过来吃！"饥民看见黔敖一副趾高气扬的样子，根本无视黔敖手中的食物，瞪大双眼看着黔敖说："我就是不愿吃这样的嗟来之食才饿到这种地步的！"黔敖没料到，饥民饿到如此地步竟还保持着自己的人格尊严，不禁佩服至极。

古语有云："志士不饮盗泉之水，廉者不受嗟来之食。"这位饥民自尊自爱，宁愿饿死也不受嗟来之食，他坚守傲骨不动摇，令人敬佩。现代作家朱自清也有过类似的经历，他宁肯忍饥挨饿，也不食用"美援面粉"。做人一定要有自己坚守的信念，不卑躬屈膝，不唯唯诺诺、左摇右摆，活得有尊严，有价值，有意义。这样，我们才会得到世人的尊敬。

我们在与人的日常沟通中，如果自己说的话、做的事是正确的、有道理的，我们就应该坚持，坚持做自己，不为强权所屈服。无论我们的身份是什么，都不要因为别人的劝说而轻易改变自己的言行。坚守自己的初衷，遵循自己的原则，走正确的道路。

然而，如果别人的建议合情合理，我们应该听从，从而改变自己不正确的行为。

战士孙振家境富裕，他探亲回来带了很多价格不菲的家乡特产和烟酒送给战友和领导。营政委知道此事后，把孙振所在连队的班以上干部召集到会议室，要求收礼者退回礼物。有人说："这又不是行贿受贿，这是正常的人情往来，战士探亲回来，带点儿土特产，不是很正常吗？如果我们都拒绝，有点儿不近人情。"营政委说："战士带点儿土特产表表心意，这样的人情我们要接受。可是，孙振带的东西价格不菲，性质就不一样了。北京的战士送你两瓶十元钱的二锅头，你收下可以。贵州的战士送你两瓶茅台，你就不能收。收了就构成行贿受贿。再有，今天孙振送这些东西你们收下了，将来孙振违反了纪律，你处罚不？你处罚时会不会考虑收过他的东西？将来评优提干，你会照顾他吗？今天你送高档的，明天我从老家带回更高档的，这会不会形成攀比的不正之风？"营政委一番话，让收礼者低下了头，认识到了自己的错误，纷纷表示要退回礼物。

正常的人情往来和行贿受贿是有界限的，面对界限模糊，将两者混为一谈者，营政委提醒他们要将两者区分开来，然后再讲清危害，为大家敲响警钟，最终说服了大家。

在诱惑面前，能够保持清醒，坚守自己的初衷本真，实属不易。

从前，一位富有的贵族在巡视其田产时，遇到一位掷干草的农夫。这位贵族被农夫双手挥舞干草叉的优美姿态所吸引。于是，他与农夫达成了一个交易，让农夫到他的豪宅来，在他的客厅表演掷干草，他每天支付农夫一个金币。

第二天，农夫带着对"新工作"难以掩饰的喜悦心情来到了贵族的豪宅。在没有干草的情况下挥舞干草叉一个小时之后，农夫得到了一个金币，这比他辛勤劳动一周所得的报酬要多很多。但到了第三天，他的热情就有所减退。一周还未结束，他就宣布要辞掉这份工作。

"我不明白，"贵族不解地说，"你为什么情愿在寒冷的冬天和炎热的夏天到户外掷那些沉重的干草，却不愿意在我家舒服地干一些轻松的活，并赚取数倍于你平时的收入呢？""但是，主人，"农夫说，"我什么也没做……"

做一份事，尽一份责，得一份好处。无功受禄，拿得少也不行。我们为人处世，必须在"功"上多做文章，可以做无禄之功，不能受无功之禄。坚持自己做人做事的原则，不因别人的一些话或情绪而改变自己说话办事的方法和态度。

不要放弃职业道德与操守，自己出卖自己

　　香港演员黄一山曾向网友透露了吴孟达生前的处世法则。吴孟达有"三不做"：第一，不喜欢唱歌，不少公司邀请他去唱，全部拒绝，因为他觉得自己唱歌一般，没有资格赚这份钱；第二，不做任何房地产的广告代言或剪彩，好多老百姓可能因为吴孟达的名气而去买楼，但如果遇到不良开发商或楼盘烂尾，老百姓没了毕生积蓄，他就会觉得对不住他们，不想赚这些黑心钱；第三，不做药业广告，不知药厂是否有良心，不想病人因为他而不看医生，延误病情。

　　正所谓"君子爱财，取之有道"。吴孟达既尊重影迷也尊重自己，所以有些钱就算再好赚也不去赚。他说话做事讲原则，处世正派有担当。

　　一个人平时的一言一行都是在表现他为人处世的方式。如果我们说话办事都表现得不能让人信任，那么别人肯定也不愿意与我们打交道。而很有责任心的人，他们更容易获得别人的信任。

所以说，我们平时必须注意自己的言行举止，莫让自己出卖了自己。

秦瑞达是做医疗器械销售工作的，平时很会说话，而且交际能力特别强。因为工作的关系，秦瑞达需要经常跟医生打交道，有一次秦瑞达曾不屑地对几个医生朋友说："杨大夫就是个老顽固，别的医生都能通融，识时务，就他油盐不进。"

就在秦瑞达对朋友发了一通抱怨后，秦瑞达的老婆就生病了，需要做手术。但他没有去找那些平时让他觉得好说话、好办事的医生，而是直接去找了杨大夫。朋友问他："这是为什么？"他说："因为杨大夫这样的医生才可靠，有医德，对病人负责。"

关键时刻，秦瑞达为什么会信任杨大夫？因为他知道这个令他"讨厌"的医生才是个好医生，那些被他攻下的医生，大部分是医德缺失的、不值得信任的。正是杨大夫在平时坚守自己的医德，做到对病人负责，没有被秦瑞达的各种花言巧语攻克，他才会在后来被秦瑞达信任。

一个人如果随随便便就放弃了自己应该坚守的原则和职业道德，那么他就很可能是在自己出卖自己。而这种人终有一天会自砸饭碗，被人厌弃。守得住底线，不被利益所诱惑，才能获得别人的长久信任。

王阳是一家公司的出纳，工作认真负责，人也直率。王阳深知，身为财务人员就必须一丝不苟，毕竟每一笔钱的流动都事关公司的发展和个人的前途命运，哪怕公司领导的报销单交到他那里，他也会认认真真地核对，一五一十地问清楚来源。

有一次，公司的副总经理出差回来，拿了一堆单据来报销，王阳发现有张发票的开票地点根本不是出差地，就抽了出来，要求重新填写。王阳已经不止一次发现副总经理提供的票据有问题，副总经理也早就看不惯他了，想把他开除。

这次，王阳的话让副总经理更难堪，毕竟当时还有别人在场。于是副总经理生气地说："这个我已经跟老总解释清楚了，他都签字了，你在这多管什么闲事？"但是王阳坚持按照规定来，副总经理一怒之下把单据撕了。

从此以后，副总经理对王阳再也没有过好脸色。后来，这位副总经理辞职单干，有了自己的公司。再后来，王阳也辞职了。当初和王阳结下梁子的副总经理听说王阳辞职了，亲自拿着礼物到王阳家。他说："财务人员要忠诚可靠，得是个让人信得过的人。咱们以前共过事，我了解你，信得过你，所以这次必须请你来我公司管财务。"

在职场上，涉及原则性问题时，我们就应该严肃对待，就必须较真儿。王阳以前说的话、做的事得罪了副总经理，这是他坚持原则，对工作高度负责的表现。当副总经理自己有了公司后，他才知道自己正需要像王阳这样的人，所以亲自登门聘请王阳。

我们可以想想，如果当初副总经理拿着发票来找王阳的时候，他什么都不问就接收了，当时的副总经理肯定会窃喜。但也会在心底留下"王阳没有原则性"的坏印象，那么他后来也就不会主动登门聘请王阳了。

　　不管是公事还是私事，我们都不能不讲原则，成为不值得信任的人，这都是别人否定我们的根据和理由。所以，我们必须时刻注意自己的言谈举止，不要让自己出卖了自己。

说话应讲理，做事遵法度，方能服众人

　　无论对谁，说话应讲理，做事遵法度，谁碰触了都要付出应有的代价，也许暂时会有人不理解，但只要你一直坚守，就能赢得别人的尊敬和支持，也能助自己成就一番事业。

　　鞠觉亮在拍《新水浒传》时，为了保证拍摄水准，对演员的选拔很严格。不经过他的允许，剧组所有的工作人员不得走后门推荐演员。后来，因为所需角色众多，鞠觉亮忙不过来，有的小角色他就不再亲自过问。于是，便有工作人员给他打招呼，带演员进来。起初，进来的演员很合适，演技也不错，鞠觉亮也就没有否定，最后有人甚至不打招呼就直接让演员来试镜，直到鞠觉亮发现几个角色的扮演者并不合适，才再次对选拔演员严格要求。可是还是有人带演员进剧组，鞠觉亮给予了拒绝。对方说："鞠导，你对我有意见啊？为什么别人能带演员进组，我就不能？"鞠觉亮顿时哑口无言。最后为了拍摄水准，鞠觉亮亲自监督，让大量角色的扮演者一一试镜，不合适者坚决不给机会。这才平息了纷争，也拍出了口碑不错的《新水浒传》。

说话应讲理，做事遵法度，其实就是一个原则问题。原则要想发挥作用，最重要的是要保持公平性，如果一个人触犯了你的原则，你不予追究，那旁观者就会认为你的原则并非不可侵犯，甚至认为你没原则。所以，当他们触犯你的原则时就会理直气壮，就像鞠觉亮面对的那位，一句"为什么别人能带演员进组，我就不能？"你怎么回答？原则一旦对一个人无效，就意味着对所有人都可能失效。所以，在原则问题上一次也不能妥协。

讲一个对原则问题无比重视的人——商鞅。商鞅是战国时期政治家、思想家、改革家，他通过变法使秦国成为富裕强大的国家。有人说商鞅制定了很多严酷的刑律，而自己最后被车裂而死也是咎由自取。但是秦国之所以能富强起来，与商鞅执法必严，违法必究的铁腕手段是分不开的。

经典历史剧《大秦帝国》第一部的主角就是商鞅，里面关于他的故事也很值得我们思考。在去秦国之前，商鞅在魏国国相公叔痤手下任中庶子，后来公叔痤过世了，商鞅不得不去齐国、韩国等地谋职，经过一番寻找，都未能如愿。就在这个时候，商鞅的老朋友百里遥说秦国国君正在发布诏令，广纳天下能人贤士，这对商鞅来说自然是个好机会，于是，商鞅决定去秦国谋职。

到了秦国数月后，商鞅厘清治国方略，最终得出的结论是应该变法。在朝堂上，秦孝公询问满朝文武对变法的态度，秦国的很多旧贵族因为怕牵扯到自己的利益，几乎都不支持变法，还说以前的法律已经很好了，根本没有必要变法。面对此状况，商鞅抨击秦国祖制的弊端：秦国因为遵循祖制，这些年来越来越穷困，以致被东方六国瞧不起。

而此时，很多大臣怒气冲冲，说商鞅这是在侮辱祖宗。但商鞅毫不动摇，斩钉截铁地说，错就是错，有什么说不得！秦孝公说，话虽不中听，却如拔刺啊！最终秦孝公下定决心变法，并任商鞅为左庶长，推行变法。

现实中，当我们要对一个人进行评价的时候，我们可能都会吞吞吐吐，犹豫不决，因为怕得罪人，怕被人记仇，于是就被他人左右了情绪或态度。但是商鞅面对满朝旧贵族，毫不客气地说出秦国祖制的漏洞和不合理之处。这自然会引起大家的不满和反对，但是商鞅不惧反对力量，敢于直言。商鞅提倡的秦法是"诛行不诛心"，所以商鞅在制定行为准则上做到了极致，大仁不仁，他跟谁都是讲理、讲法。

商鞅严以律己，奉公守法，刚正不阿，铁面无私。变法初期，因为秦人犯法，商鞅曾于一天之内在渭水边处死囚犯七百余人。太子触犯了新法，作为国君的继承人，不能施以刑罚，于是商鞅就处罚了监督他行为的老师公子虔、公孙贾。于是，秦国人就都遵照新法执行了。新法推行了十年，秦国人路不拾遗，山林里也没了盗贼，百姓勇于为国家打仗，不敢为私利争斗，乡村、城镇社会秩序安定。秦国逐渐崛起，成为强国，为后来统一六国打下了坚实的基础。

　　在现实生活中的我们，无论做任何事情，都必须讲理讲法，让别人信服，方能成就大事。

做一个滥好人，一味好说话，不可取

生活中，我们是不是会遇到如下情况？本来是想做好事的，最后却做了坏事，适得其反。为什么呢？这很可能是我们在做一件事时，往往只看眼前的利益，没有看到长远的影响。

明朝时，一个游手好闲的青年人喝了点儿酒，居然跑到辞了宰相之位的吕文懿的家门口叫嚷。吕文懿家的仆人很生气，想去赶走他。但吕文懿说："不就是大声说话吗？不用理会。"接着，青年人就开始骂仆人。仆人想把他抓起来打一顿，但吕文懿也阻拦了。于是，青年人变本加厉地辱骂他们。仆人要把青年人送官府治罪，但吕文懿还是阻止说："何必与喝醉酒的人一般见识呢，随他去吧。"

青年人见连吕文懿这样的人物都不敢拿自己怎么样，于是就在家乡更加横行霸道起来。一年后，青年人终因自己的嚣张跋扈犯了死罪。这时，吕文懿后悔地说："那时候我要是稍稍与他计较，就可以小惩而大诫了。而我当时只想着自己要宽厚，没想到助他养成了大恶，如今反倒害了他。"

吕文懿只想着宽容待人，却没想到最终会酿成悲剧。其实，对犯错的人给以宽恕是没错的，但要看事情的性质，不能没有原则地一味放纵。面对青年人一而再，再而三的辱骂，吕文懿不应该放任不管，以致后来让他酿成大祸。

因此，我们既不能盲目地对别人所犯的错都给予宽恕和谅解，也不能做一个滥好人，一味好说话，无原则、无态度，这样只会让别人觉得我们很懦弱，好欺负。有时，甚至会造成无法挽回的后果。我们必须明白，也必须让他人明白，每个人的善良是有条件的，每个人都有自己的底线。

在生活中，我们经常会遇到一些这样的人，他们不会和其他人说"不"，不论他人的要求是否合理，都会应承下来。以为这样做，自己就是一个有教养的人，一个让人感觉好相处的人。其实这种人有时就是个滥好人，一味好说话，反而会费力不讨好。尽管有时候获得了一些好处，也还是得不偿失。

我的朋友说过这样一件事情：有一次他回老家探亲，路过张老太太家门口时，看到张老太太左手拄着拐杖，右手配合着拿着身边的某公司送来的慰问金，公司的两位领导站在她的两边，而摄影机一直跟随着这两位领导进行录像。虽然张老太太年纪太大了，走路不太稳当，但是一直配合着这两位领导录像。

其间，有几位村民看张老太太身体有点儿吃不消，于是就劝她赶紧停下来休息。但张老太太一直说："没事没事，倒不是为了这点儿慰问金，人家一番好意，咱配合着录个像也是应该的。"于是，张老太太就忍着身体的不适，和两位领导模样的人录了好一段时间。拍摄结束后，张老太太累得气喘吁吁，村民们都很心疼她，她却说："没事没事，咱不能辜负人家的心意啊！"

任何时候都不能一味地做一个滥好人，不分情况地好说话或许会好心办坏事。而且当发现别人做事欠妥的时候，我们应该给予及时地制止，千万不要因为所谓的面子等原因而肆意放纵他们。如果我们放纵别人对自己的侵害，委屈自己、迎合别人做滥好人，有可能会得不偿失。

一位员工上班经常迟到，做事也不认真，经常出现不该出现的错误。开始时，部门经理经常给这个人暗示，希望他能够改正，但一直没有什么作用。老板看到这个情况后提醒部门经理："应该找这个员工认真地谈谈，也许需要给他一次严厉的批评，实在不行，你就换个人吧。"部门经理按老板的指示找这个员工谈话，但部门经理绕来绕去就是无法说出批评的话，因为他不愿意"伤害人"。时间久了，大家对这个人做的事情就习以为常、视而不见了。但他要完成的工作还得有人做，不得已部门经理就自己承担起来，做了很多本来该这个员工做的事情。其他员工看到这个情况，也开始对自己放松要求。学好不易，学坏很容易，有个"坏榜样"在——别人工作不认真努力，什么事都没有，我凭什么卖命工作呢？最后，这个部门的工作氛围一塌糊涂。遇到事情大家不是争抢着去做，而是相互推诿、敷衍。老板只好先把部门经理撤职，再警告所有员工，谁不努力工作就开除他。

容忍一个经常违反公司制度和不做事的员工，会极大地伤害公司的利益，这不仅是因为有人拿了工资不做事，更可怕的是这样的人会破坏整个公司的工作氛围和企业文化，就像俗话说的那样："一颗老鼠屎坏一锅汤。"这个部门经理亏不？一点儿也不亏。他错在一心只想做滥好人，身为部门领导，应该做和必须做的一件事情，就是要指出员工的错误，批评员工不合理的行为，甚至在对方不改变的情况下，辞退这个员工。而他的滥好人心态却让他忘记了自己的职责，不但害了自己，也带坏了部门风气。

职场上，有不少人心甘情愿做滥好人，不敢坚持原则，不辨是非，明哲保身。怕得罪别人，最终是害人害己。

在公司中层领导参加的会议上，人力资源部的经理赵杰坚持自己的错误观点，同总经理发生了争执。其他同事纷纷站出来指出赵杰的错误，帮助总经理说服赵杰。秦明君明知道赵杰不对，但为了不得罪赵杰，起初他没发言。看到同事们都站在总经理的立场上，秦明君也只好站出来批评赵杰。散会后，秦明君私下找到赵杰说："其实，我是支持你的，可是在会议上，大家都支持总经理，我要不表态也不合适，我在会议上说的那几句话是迫不得已的，希望你理解，我支持你，咱是哥们儿。"赵杰说："虚伪，我没你这样的哥们儿。"秦明君习惯于做滥好人，常常这样当面一套背后一套，总经理渐渐地了解了他的为人，对他提出了严重的警告。

　　像秦明君这样的人，职场上还真不少。同事有错误，领导给予批评，当着领导的面他讨好领导，站在领导立场上。而私下里又去向同事表达支持，收买人心。这样虚伪的嘴脸让人讨厌。同事有错误，我们应该实事求是地指出来，这样既帮助了同事进步，又对单位有好处，也对自己有好处。

　　在现实中，我们要做真正有智慧的好人，负起自己的责任，不怕得罪人，这样能帮助别人，也能帮助自己。不要只会用表面的一团和气害别人，最后反而害了自己。

谨言慎行，莫要随性而为

一个人是否能管理好自己的情绪，是否会说话，对其影响很大，有的人说话很谨慎，人们会觉得他谨言慎行，踏实可靠；而有的人恰好相反，只要他一开口就带着情绪，口无遮拦，人们便会觉得他不靠谱、不值得信任。现实中，说话欠考虑的人很多，一些名人也犯过类似的错误，尽管有时他们是在特定的环境下才说出了那样的话，但依然造成了不良的影响。我们必须明白，自己说出的话有时会产生巨大的影响。所以，一定要做到谨言慎行。

林语堂曾以"文学职业"为主题在一所学校进行演讲，演讲的大意是劝女生不要选文学为职业，还是早早回家嫁人的好。他还举了历史上的女词人李清照的例子进行说明。林语堂说："李清照就是嫁了丈夫、解决了吃饭问题，才能做出好词来的。假如李清照靠卖词为生，她的《漱玉词》怕是换不到三碗绿豆汤。"而且更让人没有想到的是，林语堂最后又说了一句："我相信你们最好的职业是婚嫁。"

　　本以为深受西方思潮影响的林语堂会对女学生的职业规划提出建议，谁知，他却是劝女学生放弃职业去嫁人。原本满怀希望的学生们听了他这一番话，都不敢相信自己的耳朵了。

　　林语堂或许是基于现实的残酷而直言不讳，同时为了调节课堂气氛，才出此惊人之语。不过，即便如此，这番话也很可能让人产生误会，也会令人觉得他说话不周全。所以，我们讲话前一定要经过充分考虑，千万不要信口开河。虽然如今是言论自由的社会，但是我们还是应该时刻注意自己的言行，管理好情绪，以免给别人留下话柄。

　　顾晓鸽和张翰都是林雨墨的朋友，一次，林雨墨过生日，来的人很多，她便请张翰帮忙招呼远道而来的顾晓鸽。张翰很热情地招呼顾晓鸽，并主动找话题。张翰说："你平时喜欢看美国职业篮球赛吗？我最喜欢的就是湖人队，每次他们的比赛我都不会错过。"不料顾晓鸽却说："我觉得篮球最无聊了，一群人追着一个球跑来跑去，有什么意思？"张翰一时语塞，两个人的聊天也就此终止。

　　事后，张翰向林雨墨抱怨："你那个朋友简直就是一个'谈话终结者'，根本不会聊天。"林雨墨却笑着说："她有时候说话是比较直，可你不能指望一个女孩子和你聊篮球聊得热火朝天的。她在你面前是'谈话终结者'，那是因为你也不想转换话题，如果你肯迁就她，聊她感兴趣的话题，还会是这种局面吗？"张翰无言以对。

顾晓鸽说话直白，称张翰喜欢的篮球"无聊"，终结了话题，确实不妥，可张翰呢？如果他能不计较顾晓鸽的直白，愿意迁就顾晓鸽而转换话题，这次聊天还会终结吗？俗话说："一个巴掌拍不响。"很多时候，别人在你面前成为"谈话终结者"，是因为你也不懂得迁就对方。如果你率性而为，说话毫无顾忌，那就难免会遭遇不快。

晚清名臣张之洞就任山西巡抚时，迫切需要一大笔救济款。这时，一位姓孔的老板表示愿意捐赠五万两白银，但是需要张之洞给他一个候补道台的官做。除此之外，还得为他的票号题写"天下第一诚信票号"的匾额。张之洞因为急需这一笔救济款，权衡再三，同意了。

事后有人就问："张大人，您不是最讨厌捐官的吗，怎么还帮助孔老板获得了候补道台的职位呢？还有您根本没去过孔老板的票号，怎么能为他题写'天下第一诚信'的匾额呢？"张之洞笑着说："做事一定要懂得变通，孔老板捐了五万两白银，朝廷规定捐四万两就能做候补道台，他捐了这么多，我帮他办成此事也是可以的。至于为票号题字的事情，我只写了'天下第一诚信'六个字，没有写'票号'二字，这其实是在提醒孔老板经商一定要把诚信当作天下第一等重要的事情，不算错的。"

帮助别人捐官、为不了解的商号题写匾额，不是值得提倡的事情。但张之洞身为朝廷命官，一心为百姓着想，也是事出有因。而且他也只是题写了"天下第一诚信"，此番举动也算得上是谨慎行事了。

　　一个人要想让别人信服，就必须做到谨言慎行，说话做事讲原则，讲道理。

　　皮娅·芭提·佩德森是挪威一家电台的女主播，一直很受听众喜欢。后来，她觉得自己遭遇了不公正的待遇，与电台的高层产生了矛盾。于是，在一次做直播节目时，她竟然对着镜头大声宣布："我要离开这里，不干了，这里充斥着不公平的气味，我希望可以再度正常进食和呼吸！"然后她进行了长达两分钟的谩骂，指责电台的高层给员工施加了太大的压力，最后随口扔下了一句"今天没有什么大事发生"，就关掉麦克风走出了直播室。

　　很多听众见证了这位"最牛"女主播的辞职过程。许多原本喜欢她的听众对她的行为表示十分不满，他们说："她可以表达自己的不满，但至少应该在新闻节目中让我们听到一些和新闻有关的内容！"

　　和高层不睦，就可以把新闻直播改成自己私人泄愤的节目吗？当然是不可以的。要知道，听她节目的人更多的是喜欢她的听众。一顿谩骂已经令人不满，而最后那一句"今天没有什么大事发生"更是赤裸裸地玩忽职守。每个人都有自己的职责，无论何时，都不可以轻易放弃。罔顾自己的责任，随意发泄自己的不满，只会让别人更讨厌你，更谈不上被人信任了。

　　别人不信任你，很多时候是因为你表现得不靠谱。如果我们

优秀的人不会输给情绪

能管理好自己的情绪，照顾别人的感受，不随自己的好恶任意妄言，不肆意发泄，坚守原则，行事有理有据，别人会更加信任我们。

第二章

理智与冲动

理智的声音是柔和的，但它在让人听见之前决不会停歇。

——［奥］西格蒙德·弗洛伊德

说的话必须包含正确的是非观

看过一个校园故事，说一个班级中有几个学生因为不认可韩老师的教学，情绪大爆发，便煽动同学们去找校长，要求换老师。不少学生听信他们的话，真的要去找校长。班长徐威急忙拦住大家说："你们听我说几句，如果听完不认可，你们再去。"

于是，学生们安静下来。徐威说："同学们，请想一想，我们的韩老师真的没水平，不配教我们吗？还是因为有的同学不喜欢韩老师的某些教学方式？你们有意见可以反映，但不能轻易地就提出换老师啊！你们想想校长会随便就同意吗？即使同意了，韩老师以后还怎么在学校待下去？这对韩老师公平吗？换位思考，如果老师在某些方面不认可一个学生，就申请把这个学生换到别的班，这样做对吗？"听了徐威的话，学生们冷静了下来，不再想换老师了。

徐威的话为何能说服同学们？就在于他的话里有正确的是非观念。他首先指出，不是韩老师的教学水平有问题，而是个别同学接受不了韩老师的教学方式。如果因此提出换老师，对韩老师来说是不公平的。最后他又引导同学们换位思考，进一步明辨是非，讲明道理，如此才有效地说服了大家。

一个人的话说得再好听，没有正确的是非观，就不能使人信服。而有了正确的是非观，说出的话就有力量，就能服众。我们可以想想自己的话为什么没有说服力或者无法让别人信服，一种可能就是自己说的话中没有明确的是非观。

人的内心有正确的是非观，才能说出明辨是非的话，才能把道理讲清楚，才能把利弊得失说明白。没有正确的是非观，说话就会失去客观公正，甚至会颠倒黑白，让人厌恶。而有了正确的是非观，就能通过摆事实、讲道理把事情说明白，并让人听明白，愿意接受。

有一位企业家在创业之初，无比艰难，很长时间他都和公司的员工一起吃泡面。面对此时的困境，有位员工背弃了当初加盟时的承诺，打算另谋高就，于是受到了其他员工的敌视，谁都不愿意理睬他。

这位企业家知道这件事后说："当初咱们一起承诺兄弟同心共创一番事业，但没有时间的限制。所以，今天我们不能说他不守信用。毕竟三年了，我们还没有起色，看不到希望，而且他家里全靠他一个人来养活老婆孩子，他要尽到丈夫和父亲的责任啊！他已经和我们一起吃了三年苦，我们应该感谢他、理解他和支持他。假如有一天咱们起来了，他要回来，我依然欢迎他，因为他和我们一起奋斗过。"

当一起创业的兄弟要离开的时候，这位企业家能端正心态，讲清是非，为对方辩护，实在令人佩服。他那一段是非观正确的话，既说服了他人，也展现了自己宽广的胸襟；公司的其他员工受到了感动，最重要的是赢得了更多的忠诚。想必要离职的那位员工也会感动。

陶渊明的曾祖父陶侃从小生活特别贫寒，他的母亲靠纺织来养育他，陶侃长大后，在浔阳做县吏，监管渔业。他念起母亲还在乡下过着清贫的生活，心里很不安。陶侃便让人带一坛子咸鱼送给母亲。陶侃的母亲知道这坛咸鱼是公家的东西时，写信责备陶侃："尔为吏，以官物遗我，非惟不能益吾，乃以增吾忧矣。"大意就是："你是一个小吏，你把官家的东西给我送来了，你不能给我任何增益，反而给我增添了烦忧。"陶侃有位深明大义的母亲，从此以后，陶侃更加遵从母训，四十年如一日，勤慎吏治，为官廉洁奉公，最终青史留名。

对于苦尽甘来，手中终于有些权力的陶侃来说，带些鱼孝敬母亲似乎可以理解。他的母亲为何认为会增加自己的忧愁呢？陶侃的母亲认为这是官家的鱼，不该私自给自己送来。她可能会想到，这次私拿的是官家的鱼，如果不加以制止，那么下次可能就是金银等越来越有价值的物品，直至跌入不择手段巧取豪夺的罪恶深渊，从而成为落下千古骂名的贪官。这有悖于她作为母亲的期望。陶侃的母亲被称为"中国古代四大贤母"之一，她严把儿子"廉洁关"，以退鱼的实际行动告诫儿子做一个不贪污腐败的好官。如此深明大义、明辨是非的母亲，能为孩子免去很多祸端，值得我们尊敬。

王阳明说："世之君子，惟务致其良知，则自能公是非，同好恶，视人犹己，视国犹家，而以天地万物为一体，求天下无治，不可得矣。"一个人心地无私，善于为别人着想，说出的话才会有正确的是非观。如果一个人只想着自己的利益，他就会觉得全世界都是错的，只有他自己是正确的，便往往会强词夺理，混淆是非。坚持正确的是非观，客观公正，不偏不倚，说出的话才能感染人，打动人。

理智型的劝说才有效

历史古装剧《芈月传》中的女主角芈月深受大众喜欢。芈月从小伶牙俐齿，长大后更是口才出众，与人交谈时，常常展现出高超的说话技巧。

张仪用六里土地戏耍了楚王，让楚国损失惨重。芈姝看到母国遭受如此大辱，于是没有分寸地求秦王不要占楚国便宜。秦王大怒，惩罚芈姝禁足。芈月看着姐姐受苦，很是难过。这天，她来找秦王，说起一事："不知大王是否知晓，芈月曾在蕙院种过从楚国带来的杜若，一大把种子撒下去，能存活的仅寥寥几株。可见草木都恋旧土，人怎会对母国抛之脑后？何况远离母国艰难重重，哪有不惦念的道理？王后为人宅心仁厚，自来到秦国，事事以大王为重。但根未扎牢，有时难免心系旧土，关心则乱。但等到来年，那杜若根扎牢了，秦国是她的基业，大王是她的靠山，她对旧土之念，也就渐渐淡了。"秦王听后，深感有理，最终解除了对芈姝的惩罚。

如果芈月求秦王赦免芈姝，可能会让气头上的秦王更加恼怒。所以，芈月只跟秦王谈起自己种植杜若的情形，表明草木都会念故土，人就会更加如此了，委婉地表达芈姝虽然有错，但也是情有可原。如此巧妙譬喻，情理并用，自然会让秦王接受。在生活中，我们劝说别人时，如果不能直言相劝，也不妨比喻说理，并且动之以情，如此，能够增强说服的力度。

七公子叛乱，芈月决定将他们正法，但樗里疾极力反对。樗里疾说："可他们是我秦国的王族、嬴氏子孙哪！"芈月说："是啊，那些跟随他们的人都还是秦国的老旧族呢。可是樗里疾，你何不将眼光放远一些，想一想，若过十年、二十年，有一日，秦国再也不分什么老旧族、新权贵，所有生活在我王旗下的都是秦人？……"然后芈月与樗里疾以十年为期，立志要恢复先惠文王的基业，樗里疾便不再与芈月争辩。

樗里疾作为嬴氏大臣，不想芈月处死叛乱的王族，情有可原，毕竟秦国就是嬴氏的。但是芈月遵行公平公正公开的原则，表明了自己的鲜明立场，必须处死他们。她给樗里疾描绘了一个宏大的愿景，那就是如果现在秉公处理，那秦国的未来将繁荣富强。还与樗里疾击掌立下十年约定。这番话有理有据，让樗里疾不得不认同芈月的做法。所以说，如果要劝说别人，不妨也像芈月一样，描绘出宏大的愿景，以情动人，以理服人。

公孙衍联合诸侯国，准备围攻秦国，但因为害怕张仪会游说诸侯，所以用假和氏璧设计陷害张仪，目的是利用秦王的多疑禁闭张仪。张仪被禁闭后非常生气，觉得秦王不相信自己。后来秦王意识到自己误会了张仪，准备重新启用张仪游说诸侯，但又怕张仪心高气傲不肯接受道歉，而这时芈月主动请缨，前去说服。

芈月找到张仪，劝说道："张子以和氏璧为仇，但我认为恰恰是和氏璧成就了张子。此番诸国联手攻秦，公孙衍本来就与你有仇，又惧怕你的才华，于是以和氏璧为计陷害于你。但如今你毫发无损，这只能成就你在诸侯之间的威名。等你再出使列国，诸侯召见之时，你未发一言，他们就能先行气馁了。"张仪听芈月这么一说，觉得很有道理，于是心甘情愿重新为秦王效力了。

芈月反其道而行之，并没有直接说因为和氏璧的事情，秦王误会了张仪，而说正是和氏璧成就了张仪，连和氏璧之祸都伤害你张仪不得，你以后肯定会有更大的威名的。这种逆向劝说的方法，新颖独特，别具一格，巧妙地说服了有大志向的张仪。在生活中，我们劝说别人时，如果觉得无法进行正面劝说，不妨换个角度，反方向劝说，请将不如激将，效果反而更好。

义渠王被秦王围困在山谷里，不得已只好归降。但秦王知道这只是义渠王的缓兵之计，并非真正想要归降，即便归降也恐日后又叛乱。于是，秦王派芈月前去游说义渠王。芈月见到义渠王说："义渠王说是要归降大秦……义渠治理也都要推行秦法。"义渠王说："义渠是我的义渠，为何要推行秦法？"芈月说："既然义渠王对秦王称臣，那义渠就该是大秦的国土，推行秦法也理所应当啊。"义渠王说："你要这么说，归降之事，不谈也罢。"芈月说："义渠王糊涂，你想想，自从大秦推行新法，国强民富，天下无敌，立威诸侯。既然秦法对治国治民有好处，你为何不先试一试，再说不呢？"义渠王还是嘴硬地说："义渠人有义渠人的活法，为何要向别人学？"芈月说："你那活法若好，就不会被秦军铁桶般围在这山谷里。"最后，义渠王终于答应效忠秦王。

义渠王表面说归降，实际上并非真心愿意效忠秦国，所以对于推行秦法一事极力反对。芈月深入剖析，步步紧逼，一一破解义渠王所说的话，而义渠王虽然一再强辩，但终究被芈月接二连三说出的事实驳倒。在生活中，如果我们劝说别人时，别人强词夺理，我们就要与其分析利弊，晓以利害，步步紧逼，说得他无以辩驳，知难而退。

一个真正的语言高手，只要一开口，其一言一语，必能恰如其分，入耳入心；一字一句，必能扣人心扉，动人心弦。这样的人说出来的话大家都爱听，毫无疑问，芈月就是这样的。芈月的说服术，确实值得我们学习和借鉴。

可以提反对意见，但不要带着怨气

提意见，是希望别人朝着更积极的方面发展，可有些人提意见时总是带着情绪，充满了怨气，让别人很难接受。尤其是给别人提反对意见时，因为不认同别人的做法，更容易在话语中夹杂着怨气。

屠格涅夫和托尔斯泰曾是十分要好的朋友，一次，他们闲聊中谈到了对子女的教育问题。屠格涅夫说："我非常赞同家里的女教师对我女儿的教育方法，她让我女儿收集贫困农民的破衣裳，亲手补好后再归还原主，以培养孩子的善心。我觉得这样做很对。"

在托尔斯泰看来，这种教育方法是不合理的。他一向对这种贵族式的教育很不满，所以他想建议屠格涅夫不要采取这样的方式。于是托尔斯泰说道："你这不是在作秀给别人看吗？让穿着华丽的姑娘拿一些肮脏发臭的破衣裳摆在膝头，这恐怕不能培养她的善心。你应该做的是，从日常的小细节中一点点培养孩子的善心，而不是做这些表面的事情。你们这些贵族老爷，真是虚伪做作啊。你们从来都没真心实意地关心过穷人。"

屠格涅夫听到这样的话，生气地说："你这样说，是说我教坏了女儿？"为此两个人发生了激烈的争吵，并闹到要决斗的地步。

托尔斯泰不认同屠格涅夫的教育方法，想给他一些建议，让他改变这种教育方式。可托尔斯泰的话一出口，却将自己一直以来对贵族式教育的不满，全发泄在了屠格涅夫头上。屠格涅夫又怎能接受这种带有指责性的建议呢？

所以说，有时候我们认为对方的做法不对，就应该有理有据地告诉他这样做为什么不对，怎样的做法才是对的。而不能因为我们对这种做法或现象不满，就带着情绪把怒火全发泄到对方的头上。要知道，这种充满怨气的意见，不但不能令对方信服，反而会激化矛盾。

赵大海不想再打工了，想用家里的积蓄开个饭店。好友张涛知道了这件事，劝他道："开饭店哪有那么容易？你有好的厨师吗？你知道现在流行什么口味吗？你这个人做事太容易冲动，脑袋一热，想起一出是一出。你刚毕业找那个事业单位，多好的工作，又稳定，待遇还好，可你说辞就给辞了。结果呢，这五年来换了多少工作，哪个能比得上事业单位？现在好不容易算是找了个稳定点儿的工作，这才干了两年，你却又要辞职开饭店。好好工作吧，别瞎折腾了！"

赵大海听完好友一连串的反对及略带讽刺的话后，不满地说：

"不就辞职那件事吗？你都说过我多少回了！那个决定我做错了，不代表我所有的决定都是错的！"赵大海说完后，生气地甩手离开了。

张涛反对赵大海开饭店，可他反对的重点不是赵大海在开饭店上的劣势，而是翻出了赵大海当年辞职的旧账，并对赵大海一顿批评。都已经过去五年的事了，张涛反复提起，赵大海当然会心生不满，毕竟那也是他的一块"伤疤"啊！如果张涛能够控制住情绪，委婉地指出赵大海在开饭店一事上可能存在的风险，赵大海可能会更容易接受。

所以，当我们给别人提反对意见的时候，我们应该就事论事，不应该随口说出其他方面的问题让别人难堪。当然，我们在就事论事的时候，也应该语气委婉，不要上来就大批特批，把满肚子的怨愤不加遮掩地发泄出来，这样只会激起对方的逆反心理。毕竟每个人都希望自己的观点和做法能够被别人接受，如果不能被接受，也希望获得一些理解和支持。

刘凯旋嗓子好，在学校热衷于参加各种歌唱比赛，对专业课的学习反而没什么兴趣。好友张成有些看不惯，认为他这是"不务正业"。临近毕业，刘凯旋想放弃自己的专业，做职业歌手。张成觉得不妥，十分生气地说："你不就在学校获几个奖吗？还真把自己当歌星了，也就咱们这种工科院校没什么文艺尖子，你才从'矮子'里被拔出来。你到外面试试，比你唱歌好的一抓一大把！你唱歌其实也就那样，别做什么明星梦了，踏踏实实地找份工作是正经的。"

刘凯旋听后，生气地说："你不是说我唱歌不好吗？我还非得唱出个样来给你看！"最终刘凯旋非但没听从张成的意见，反而对他也很有看法。其实，张成也是出于好心，只不过是好心办了坏事。

张成一贯对刘凯旋重唱歌轻专业的做法有意见，没有控制好情绪，凭借两个人之间的关系，不假思索地说出了一些很打击人的话。可能张成是想打击一下刘凯旋，希望刘凯旋能够打退堂鼓，谁知道，刘凯旋是个倔脾气，非但不听，反而更加坚定了自己的想法。

其实我们可以想想，当我们用否定的话语把对方贬低得一无是处的时候，对方还能真心听我们的吗？哪怕我们一直以来都看不惯对方的做法，在提反对意见时，也不要带着负面情绪，集中发泄。而应该心平气和，有理有据地说服对方。

开会的时候，总经理颁布了几条新规定，王存力觉得不是很适合公司目前的状况，打算会后单独找总经理提点儿建议。他把自己的想法告诉了同事，想听听同事的意见。同事张倩说道："你可别去提意见了，咱们这领导最不爱听反对意见了。就像上次单位改革食堂，我去找他提意见，他批评了我好长时间，你说我为了谁啊？还不是为了公司着想。可他倒好，愣是劈头盖脸地批评了我一大通，说我只考虑自己，不考虑公司，没大局意识。所以，以后我可不会再给他提意见了！"

王存力想听听别人的意见，张倩可以就事论事跟王存力讲明利弊。可她反而借机将总经理上次批评自己的事讲出来，并大肆渲染，发泄心中的不满情绪。这样的意见，一听就不是站在公正的立场上提的，王存力怎能认可？

所以说，不管提什么意见，我们都要就事论事，站在客观公正的角度上说出自己的看法，而不应该把这当成自己发泄的机会，片面地表达否定的意见。即使完全不认同对方的做法，也不应该夹杂着怨气和不满发泄情绪。我们一定要注意自己的情绪，摒弃怨气，多为对方考虑，用入情入理的话去说服对方。

这样劝说，只会招致别人的反感

劝说是指运用多种语言形式，让别人接受自己的观点或采取某种行动。生活中，有的人有什么事情想不开，就需要有人劝导。但有的人不懂劝说的技巧，劝过之后不但起不到应有的效果，反而让人对劝说者产生了反感。

电视台举办青少年舞蹈大赛，刘艳报了名，可是大家知道她的舞蹈底子比较薄弱，于是就想劝她不要去了，但又不好意思开口。这时候，朱兰觉得自己和刘艳两个人关系好，于是就直言不讳地说："舞蹈编得不好可以修改，跳得不熟也可以抽时间练。可是你的身材真的不适合跳舞，你看人家跳舞跳得好的，身材都是纤细婀娜。而你太胖了，胳膊和腿都粗，跳舞肯定不好看。况且你又没有登台的经验，肯定不行的，还是不要参加了吧。"

朱兰和刘艳关系好，比较了解刘艳，但是也不应该无所顾忌地直接指出刘艳的缺点——太胖了、腿粗和胳膊粗。要知道，对于爱跳舞的刘艳来说，这可是极大的伤害。所以，刘艳很长一段时间都没有理朱兰。

在劝说某人不要做某件事情的时候，我们不要太过直接，以免戳到别人的痛点。我们劝人是为了别人好，切不可伤人。如果劝说时涉及的事会引起对方的反感，我们就不能直言，可以变一个方式，换一个词语，也许同样能达到目的。为什么非要在别人的伤口上撒盐，直言不讳，招人不快呢？

而且我们劝导别人的时候，应该先了解对方的心境，不说太敏感的话。无论初衷多好，都不要触及对方的隐私，更不要说一些让当事人讨厌的人和事，否则只会适得其反。

阳光小区是二十年前集资建房时建设的，现在开发商又看上了这块地皮，要拆迁建高层。李贺然当了拆迁办主任，入驻阳光小区后就想来个"开门红"，提高自己的政绩。于是他便去劝说该小区住户老同学郭东，希望他率先在协议书上签字。

李贺然对郭东说："我们有二十年没见面了，现在有好事，我还是第一个想起你。阳光小区要'城改'了，政策特别优惠，我就是拆迁办主任，最大的优惠当然要给最好的朋友了。按政策，拆迁面积按 1∶1.3 赔偿。你呢，明着也是 1∶1.3，暗地里就按 1∶1.5"。

郭东说："有明有暗，这合法吗？"李贺然说："不关法的事，你在协议书上签了大名，就算给阳光小区开了个好头。只要拿下这块地皮，韩总还要给特别奖呢。"郭东听出眉目了，原来老同学李贺然主要还是想帮助开发商拿地皮，让自己做一个"领头羊"

签字，并不是真的为自己考虑，于是，郭东最终也没有在协议书上签字。

李贺然动员老同学在协议书上签字，想以优惠条件诱人，而这条件也真让人不免动心。但是他最后又说为的是帮韩总拿地皮，暴露了动机，而且还要暗箱操作，不免让人心生反感。郭东自然不会贸然签字。

单位多个科室要进行科长竞聘，黄晓鸣觉得自己希望不大，就想主动放弃。妻子林欣劝他："人家都是拼命向上爬，你这怎么还没开始就主动放弃了？你不争取肯定选不上，争取了就有机会。"黄晓鸣说："我看了看，这次参加竞聘的要学历有学历，要能力有能力，表现也都很优秀，我去参加竞聘，那不是陪跑吗？"林欣说："你能不能别找借口？你不要求进步，我着急有什么用啊？嫁给你这样的人，我就只能认命，看看我的几位大学同学，人家夫荣妻贵，我只有艳羡的份。"黄晓鸣听了，怼了一句："你的意思是嫁错人了？现在改还来得及。"林欣说："你说的是人话吗？"一场争吵就此拉开序幕。

哪个女人不希望自己的丈夫能积极上进、出人头地呢？林欣劝黄晓鸣更上一层楼是人之常情，只是她在劝说遇阻后开始冷嘲热讽，拿自己和同学来比较，传递消极情绪，损伤丈夫的尊严。男人接受不了这样的刺激，这是婚姻生活中，夫妻沟通的一个禁忌。你触碰这个禁忌，那就奔着吵架去了。林欣不妨这样劝说："既然是竞聘，你符合条件，就应该努力争取。你参加就有机会，不参加那是一点儿机会也没有。在我心目中，你并不比别人差。我相信你，你更要相信自己。"

　　如果我们真的是为别人好，劝说别人时就要实实在在把别人的利益放在首位，真心做到为别人好，千万不要打自己的小算盘，不仅事情没有办成，而且把关系也搞僵了。所以说，劝人是有技巧的，什么话该说，什么话不该说，该怎么说，我们都应该去学习。

可以提意见，但别左右他人的选择

在一堂课上，老师讲了这样一个故事：有位王子被邻国俘虏，邻国国王很尊敬这位王子，说如果他能够回答出"女人最需要的是什么"这个问题就可以放了他。而且还给了他一些时间，也允许他去请教别人。王子就去请教一位丑陋的女巫，希望她能给出答案。而女巫有个条件，那就是要和王子最亲近的朋友加温结婚。王子不同意，但是加温为了王子和他们的国家，便说服王子答应了女巫的要求。女巫给的答案是，女人最需要的是主宰自己的命运。最后，得到了答案的王子被邻国释放了。当然，加温也和女巫结婚了。新婚之夜，女巫突然变成了一位美丽的姑娘，对加温说："你对我非常好，所以我就在一天的时间里一半是丑陋的一面，一半是美丽的一面，你是要我白天美丽还是夜晚美丽呢？"

老师讲到这里，对同学们提问道："你们要是加温，该怎么选择呢？"此时，同学们议论纷纷，有的说选择白天美丽，有的说选择夜晚美丽。最后老师说出了答案："加温对女巫说，'既然女

优秀的人不会输给情绪

人最需要的是主宰自己的命运，那就由你自己决定吧，我尊重你的选择！'于是，女巫就决定在白天和晚上都是美丽的。"

大多数人总喜欢以自己的喜好、情绪、言行去影响和左右别人的选择，从来不考虑别人是否愿意，结果只会惹人不快、遭人反感。我们日常与人沟通，可以发表自己的意见，对方也可以发表他们的意见，但我们不能把自己的想法和情绪强加到对方身上，强迫对方接受，这是不尊重、不理解他人的一种表现。如果我们能对别人多一些尊重和理解，那么我们就能收获同样多的尊重和理解。

在《神雕侠侣》中，杨过大败金轮法王和蒙古兵后，成为武林中公认的大侠，并称为"西狂"。如果是普通人，在获得这个封号后，肯定会非常高兴，甚至会以此名号创立帮派，广招弟子，在江湖上称霸一方。但这时杨过向众人表态，他已经找到了小龙女，所以他们决定从此归隐古墓，不再过问江湖世事。

一直都非常看好杨过的周伯通非常不理解，因为他觉得杨过这么年轻，刚刚又获得了"西狂"的美誉，应该到江湖上闯荡一番的，而不是就这样归隐古墓。周伯通一番劝说后，杨过还是坚持自己的想法，他感叹道："任你威名远扬，武功盖世，到头来也不过像我义父和洪老前辈一样，成为黄土一堆。"

这时，黄蓉就非常明事理地表示，既然杨过已经选择了自己走的路，大家就不要强人所难了。众人听后，再也不好说什么了。

可以说，尊重他人的选择，不强人所难，这是一种智慧。一个人有一个人的活法，己之欲，未必是人之欲，若只是一厢情愿把自己喜欢而他人不想要的东西强加于他人，则是对他人的不尊重。像黄蓉那样，不干涉别人的独立人格和精神自由，尊重别人的意愿和选择，尊重别人的活法，才是真正的尊重。

文艺委员的选举过后，陈涛跑去对死党周晓旭说："你知道吗，我刚刚发现张恩没有投票给你，而是投给了林萌萌。亏得我们三个人还是从小玩到大的好朋友，他竟然吃里爬外！我问他原因，他还说林萌萌能诗善画，更适合当文艺委员，可你不也会跳舞吗？真气死我了！"

周晓旭却说："选举本来就是要求公平公正的，张恩认为我不是最适合的人选，不投票给我，这很正常。他投票给他认为更适合的人选，这是他的自由。我虽然有点儿失落和遗憾，但我觉得我们应该尊重他的选择，不该因此指责他。"

每个人都不能将自己的意愿作为衡量他人是非的标准，都不能以同一价值标准去衡量他人。日常与人沟通的时候，我们可以发表自己的不同看法，但不要强迫别人必须认同自己的看法，让其一定要做出和自己一样的选择。每个人都有自己的言论自由，也都有自己的选择权。对于别人的选择，我们应该客观看待，做出理智的判断和评价，不可勉强别人，更不可用感情来绑架别人，使其做出自己不喜欢的选择。

托雷斯在利物浦效力了三年多，名利兼收，还和队长杰拉德成了最好的朋友。他们的组合简直就是天作之合，但遗憾的是，他们没有拿过冠军。后来，由于利物浦发生变动，主力球员纷纷离去，而托雷斯转投切尔西。"当时我二十七岁，我很想知道举起欧冠奖杯的感觉，我感觉到在利物浦我不会有这样的机会了。"托雷斯说，"我没有时间等待了。"由于切尔西和利物浦是传统意义上的死敌，因此托雷斯的决定对于杰拉德来说形同投敌背叛。杰拉德尽管很伤心，也很不舍，但也只能尊重托雷斯的选择，支持他的决定，因为他知道，每个人的处境都是不同的，每名球员都有自己的梦想和前进的道路，他们离队的决定自己不能掌控。

每个人的世界观、价值观、人生观都不尽相同。所以，很多时候，每个人的选择都会不一样。所以，我们不能以自己的标准要求对方，更无权替别人做出选择。因此，如果别人做出的选择是我们不愿意看到的，我们也不要去指责、批评，更不要企图用某种方法左右别人的选择。我们可以表达自己的想法，但要尊重别人的选择，这才是明智之举。

我们感兴趣的事，别人未必感兴趣；我们认为有价值的东西，别人未必认为有价值。每个人都不要试图去改变和质疑别人的选择，只要别人的选择没有危害到他人和社会，我们就应该尊重。要知道，尊重别人的选择，也就是在尊重我们自己的选择。

关系再好，也要懂分寸，守界限

　　曹云金曾是郭德纲最得意的一个弟子，但后来师徒二人反目成仇，曹云金也离开了德云社另谋发展。再后来，郭德纲的另一个弟子岳云鹏走红，经常在一些高规格的舞台表演节目。有一次，岳云鹏就问了郭德纲一个特别的问题："如果我在后台碰到曹云金，该怎么办？"面对岳云鹏的提问，郭德纲竟然是这样回答的："你们如果碰面，你该打招呼就打招呼。这是我和他之间的事，和你没关系。"

　　郭德纲懂得自己和曹云金的矛盾，不该牵扯到别人，哪怕那是自己的得意弟子，也不能影响和左右他。这就是有分寸，就是对彼此的边界感有所把握。三毛说："朋友再亲密，分寸不可差失，自以为熟，结果反生隔离。"人与人之间想要长久舒服地相处，就要保持恰到好处的距离。再好的关系，再亲密的人，在一次次没有边界的交往中，感情也会被消耗殆尽。不干涉别人的事情，更不替别人做决定，让别人自由地选择，守护好边界感，才能赢得别人的喜爱和欢迎。

张桂玲自从女儿上了高二后就一直陪读，她与女儿在学校里租了一间宿舍。这几天学校突然通知，宿舍因装修停用三十天，住校的学生都必须搬出宿舍，自己找地方住。于是张桂玲便去找老同学文娟，希望在她家凑合一段时间。文娟不好推辞，便腾出一间卧室让张桂玲陪孩子住下了。一个月后，学校的宿舍装修完了，但是张桂玲觉得在文娟家住得挺舒服的，就决定不搬走了。而且她私下决定，每月给文娟五百元钱，就当房租了。这事她也根本没有跟文娟商量，就自己决定了。因为她认为自己和文娟是这么多年的朋友了，文娟肯定能答应的，况且自己又不是白住的。

但是，文娟并不想让张桂玲及她的女儿长时间住在这里，不是因为钱的事情，主要是因为地方太小，不太方便。而且张桂玲并没有跟文娟商量，自以为是地认为朋友应该不会不同意，于是就这样一直住了下去。

宿舍装修，张桂玲带孩子在文娟家凑合一段时间，也情有可原。但是后来又私自决定在文娟家长时间住下去，这显然很没有分寸，结果会让文娟不知如何是好，最终的结果可能是二人不欢而散。我们不要以为自己和朋友关系铁，就可以随便地侵犯朋友的私人空间，介入朋友的生活，替朋友做决定。因为这样的做法很可能会招致朋友的反感。短时间内人家可能会忍耐，但是长时间下去，彼此之间的关系就会因为超过了界线而恶化。

自打高原和侯华调到一起工作，两个人就特别投缘。侯华买了一辆小轿车，高原也盘算着买车。但是后来高原想着，既然侯华买了，我再买就多余，上下班用不着，偶尔有事就开侯华的。就这样，高原用侯华的车比用自己的还顺手，经常借去好几天都不还。后来，高原借车借得勤了，侯华也有点儿不高兴，但是碍于两个人之间的关系，也不好说什么。

临近过年的时候，公司嘉奖了侯华一辆车，于是他就对高原说："卖二手车不值几个钱，之前那辆车直接过户给你算了。"高原当即爽快地答应了，并说："那就谢谢侯哥了，还过什么户啊，难不成还怕你反悔？"于是，稀里糊涂的，那辆车就归高原了，侯华几次催他过户，他都没有回应。不料，有一天高原开车撞人了，但侯华是车主，侯华被告上了法庭。因为车子没有过户，侯华和高原之间因为赔偿的事情闹得很不愉快。

这个故事告诉我们，朋友的东西可以借，但不要打着友谊的幌子，将别人之物当成自己的，尤其是涉及金钱等重大利益的时候，更应该分清楚、讲明白，该有的手续不要忽略。

有一家公司新招了一个女孩陈明娟，她第一天进公司，就"自来熟"，跟谁都很亲近的样子。比如，毫无顾虑地对身边的同事说："哎，茶叶借给我点儿！"还没等同事回答，她已经自己去拿了，还自顾自地说："谢谢啊！"同事看了很无语。隔了几天，陈明娟又擅自使用别人的洗面奶，正巧被看见，可是她好像一点儿也不尴尬，还嬉皮笑脸地说："你刚才不在办公室，我就用了一点点，我知道你一定会同意的，对吗？"同事听后，自然是一肚子的火。从这以后，同事们的物品都不敢摆放出来，公司也没有一个人愿意主动跟她说话。她也总算感觉到了异样的气氛，最终申请了离职，原因是不适合该岗位，但实际原因大家都很清楚。

　　陈明娟没有得到别人的允许，一而再地擅自动用别人的物品，如此不懂分寸，其后果可想而知。不管是在生活中还是在职场中，都应该有最起码的界限感。不能像陈明娟一样，根本不经人允许就想当然地用别人的东西，让人反感。

　　每一个人都具有独立思想、独立意志，我们都要守住各自的界限，不可越界。

第三章

人情与公理

人毕竟是血肉之躯，带些缺点，更富有人情味吧。

——杨绛

说有人情味的话，做有人情味的事

　　春秋时期，秦国本是一个弱国，秦穆公任好即位后，奋发图强，锐意进取，秦国逐渐强盛起来。秦穆公后来成为"春秋五霸"之一。如今我们翻看历史，发现秦穆公成就如此伟业，却也是个有人情味的人。

　　在一次秦晋之战中，秦穆公陷入困境，被敌军包围，眼看快被消灭了，这时突然出现一队勇猛的壮士，不顾生死护送秦穆公脱离了险境。秦穆公突围后，一举擒获敌方主将，打了一场胜仗。后来，秦穆公想厚赐救自己的这群人，他们却说是因为昔日受过秦穆公的恩情，今日特来相救。

　　原来，秦穆公曾丢失一匹心爱的骏马，这群人将马捉住并分吃了，有人见到了就去告发了他们，而秦穆公却说："吃马肉而不喝酒会伤身。"于是又赐给他们酒喝。他们感激不尽。这次秦穆公陷入了困境，他们为了报答秦穆公当年的不杀之恩，冲进晋军包围救了秦穆公。

后人评说这段故事时，作诗云："韩原山下两交锋，晋甲重重困穆公。当日若诛收马士，今朝焉得脱樊笼？"是啊，种瓜得瓜，种豆得豆。骏马被人宰杀后，秦穆公不但不治罪，反而怕众人食马肉没有酒伤身，而送上美酒。这样的宽容，需要何等的修养和胸襟才能做到啊！食马人后来舍命救援，也就不意外了。

从这个故事中我们可以看出，无论是秦穆公还是那一群吃马肉的人，他们都是有人情味的人，他们说的话和做的事都是充满了人情味的。这样的人或许将来就会在某个时刻获得有人情味的回报。

春秋时期，周王室虽名义上还是天下共主，但早已丧失了对诸侯的控制力，诸侯几乎都不把周王放在眼里。然而，远离周王室的秦国国君秦穆公，始终敬重周王室。周襄王的弟弟王子姬带头造反，引领翟人攻周，占领了都城。周襄王仓皇逃到郑国的一个小地方，并派人向各诸侯国求救。当时，各诸侯国几乎都是持坐视不理的态度，只有秦穆公站了出来为周襄王说话。

当时很多人不理解秦穆公为何愿意为周襄王说话，毕竟谁做周王对秦穆公都没有太大的影响，但秦穆公决定帮助周襄王。虽然最后秦穆公把出兵"勤王"的机会让给了晋国，但秦穆公对周襄王的态度，为各诸侯国所敬佩。也因为他如此匡扶王室，诸侯赞誉他这种行为是天下的大义。此后，各诸侯国对秦穆公敬重不已，而周襄王更是对他感恩戴德。

各诸侯国不把周襄王放在眼里，秦穆公却热心于公道，积极举兵"勤王"帮助周襄王，显示了自己对周襄王的衷心拥戴，体现了秦作为诸侯国对周王室举足轻重的辅助作用。秦穆公这样义无反顾地救人之急，实在令人敬佩。这事表面上看好像对秦穆公没有什么好处，但最后秦穆公因此得到了周襄王的感激，天下人也对秦穆公刮目相看，大大提高了秦穆公在诸侯国中的地位和形象。

秦穆公还曾厚待逃难的晋国公子夷吾，帮他夺回晋国政权。夷吾因此承诺说，日后将割八座城池酬谢。可是，夷吾即位后背信弃义，不再割让城池。秦穆公没有因此责怪夷吾。夷吾即位后，晋国遭遇饥荒，仓廪空虚，饿殍遍野。夷吾没有办法，只好又硬着头皮来请秦穆公帮忙。

秦穆公召集群臣计议："晋许诺八城还没有给我，现在又因为饥荒求助，我该怎么办呢？"大臣丕豹说："晋君无道，天降之灾。因其饥而伐之，可以灭晋。此机不可失！"秦穆公却说："负我者，是晋国国君。饥者，是晋国的百姓。我不忍以国君故，迁祸于百姓。"于是，秦穆公运粮食到晋国，以救晋国无数百姓。后来，晋国臣民都称颂他的大德，他的威信也大大提高。

对于晋国国君夷吾的背信弃义，秦穆公自然是生气的。但当晋国闹饥荒被迫向秦国求援时，秦穆公心系天下百姓，不计较过去与夷吾的恩怨，义无反顾地把大批粮食运到了晋国，救了晋国百姓。这样的胸怀和气度，自然令人敬仰。由此我们可以看出，秦穆公虽贵为一国之君，但也是有十足人情味的人。古语有云：

"君子喻于义，小人喻于利。"意思就是说，君子看重的是大义，而小人看重的只是私利。一个人如果把"义"字当作行为准则，必定会赢得好人缘和事业的成功。秦穆公的这些义举，使他深受天下人的支持和拥戴，也为自己后来取得霸业奠定了基础。

从秦穆公的这几个故事中，我们可以看出秦穆公是一个非常有人情味、有大智慧的君主，不管是对王侯贵族还是对普通百姓，不管是对本国臣民还是对他国臣民，他都能一视同仁，说出有人情味的话，做出有人情味的事。不可否认，秦穆公能够在后来开创霸业，与他高尚的人格魅力有莫大的关系。

说话办事应有人情味

孙周是一所重点中学的招生办主任，有个亲戚想让孩子进他所在的重点高中，请他帮忙。孙周说："那你就让孩子去考啊！"亲戚说："孩子成绩不太好，我不是担心他考不上吗？"孙周说："你明知道孩子成绩不太好，还硬往我这里送，这不是让我为难吗？我是招生办主任，但学校也不是我们家开的，上上下下有那么多双眼睛看着我，我总不能徇私舞弊吧？学校让我当这个招生办主任，是为了给学校选拔优秀的生源，不是让我给亲戚朋友服务的啊！你们今天这个找我要名额，明天那个让我开后门，这不是为难我，让我犯错误吗？"

孙周的话是有一定道理的，身为招生办主任，确实不应该徇私舞弊。但是他的话让人觉得冰冷、生硬。我们说话做事，固然要坚持原则，但是坚持原则并不等于就不需要讲人情味。真正的谈话高手，在讲原则的同时，也会适当地照顾别人的感受，让话语多一些人情味。

　　如果我们每个人都能够多一点儿人情味，少一点儿教条，总是能为别人考虑，那么别人一定会很乐意跟我们交往，我们也必定能收获长久的情谊。

　　在电影《审死官》中，状师宋世杰年轻时比较贪财，经常昧着良心帮坏人打赢官司。但宋夫人非常有正义感，她要求"死不悔改"的丈夫封笔，不再当状师。宋世杰封笔后，却遇见了一个被强权欺负的蒙冤女子。宋夫人要求宋世杰帮这位女子申冤，但宋世杰犹豫不决，因为他已经发誓封笔了，不能再出尔反尔。

　　但是经过一番考虑，宋世杰最终还是放弃了曾经的誓言，挺身而出。因为他知道，誓言虽然需要遵守，但在需要主持公道、帮助别人的时候，誓言也是可以被放弃的。宋世杰不惧自己的声誉受损，也要站出来帮女子申冤，这样的做法是很具人情味的。最终不但没有让他的声誉受损，反而为他赢得了更高的声誉，赢得了更多人的尊重和爱戴。

　　人情味如苦茶的回甘，不甜腻蛊惑人，带着一点儿赤诚相见的直白和苦涩，不需要太多，或许对别人多一些尊重、多一些关怀、多一些小小的帮助，就已足够。人情味贵在真诚，不求回报，不沾染利益的魅惑。

　　众所周知，对于一个作家而言，最反感的就是自己的作品被盗版了，因为盗版书一般印刷马虎、纸张粗劣，既不给国家纳税，也不给作者付酬。当年陈忠实先生花费了多年心血写大的长篇小说《白鹿原》一经出版就风靡全国，紧接着市面上就出现了各种盗版的《白鹿原》。刚开始，陈忠实先生也是非常愤怒，因为盗版书严重损害了作者的利益。所以，每次有读者拿着盗版的《白鹿原》找陈忠实先生签名的时候，陈忠实先生都直接拒绝了。

陈忠实先生给自己定下了一个规矩，无论是朋友还是读者，如果带来的书是盗版书，就一概拒绝签名。因为他觉得，如果自己在盗版书上签名了，就意味着承认盗版的合法性了。但是，令人没有想到的是，陈忠实先生定下的这个规矩，后来还是被自己身上的人情味给打破了。

有一次，陈忠实先生去外省参加笔会，有不少读者拿着盗版《白鹿原》来找陈忠实签名，陈忠实告诉他们那是盗版的。那几位读者，有的年纪很大，有的年纪很小，他们都伤心地说不知道这是盗版的，他们专程来参加笔会，就是为了一个签名。陈忠实听到这里很感动，他突然明白，读者是无辜的，他们也是受骗者，自己不忍心再给他们一次伤害。最终他在那些盗版书上都签了名。

从此之后，陈忠实对各种盗版的《白鹿原》，包括后来出现的中短篇小说的盗版，一概签名不误。陈忠实给盗版书签名，自然也是一种人情味的体现。人情味，弥漫在我们的世界。即便是今天，我们仍旧呼唤着："让人间多一点儿人情味！"人情味是自我内在的一种人文情怀。

人和人之间的平等、关怀、互助等富有人文之美的优良品格，都属于人情味。人情味醇在单纯，美在感动。因此，在日常与人沟通中，我们要保留自己身上的人情味，不被某些条条框框约束。适当的时候说一些有人情味的话，做一些有人情味的事，不乱发脾气，就事论事，成为一个有情有义的人，真正赢得他人的尊重。

细节中的"小而美"更能打动人

记得有一位作家曾说:"细节处的温暖,最打动人心。"是的,在小事或细节上体现出来对人的尊重,像一朵小小的雏菊,并非美得惊天动地,却静静地散发着丝丝缕缕的芬芳,让人心里恬静而温暖。

在电影《101次求婚》里,叶薰开演奏会前夕,黄达送来了一份礼物,叶薰打开一看,竟是一把椅子。叶薰有点儿莫名其妙,黄达却说:"小薰,有些话我当面说不出口,但是我想让你知道,认识你以来我一直都很开心,不管是陪你练琴还是你来看我工作,这段时间都是你在帮我,在鼓励我。所以,我想为你做点儿什么。每次看你拉琴的时候,我都觉得你坐的有些别扭,可能是因为你比一般女生都高一些,乐团批量制作的椅子不太适合你。所以,我就试着做了一把。我做的时候,自己一直穿着高跟鞋亲自体验座椅的舒适度,但不知道会不会真的适合你,不过,这算是我的一点儿小心意吧。希望你能喜欢。"

哪个女孩不喜欢被人体贴与呵护呢？可是，在现实中，很多男性又往往无法做到。而黄达不仅能够看出那把被叶薰坐了很久的椅子并不适合她，而且还能不辞辛劳地亲手为其打造一把全新的椅子，这种细腻到极致的关心、体贴与呵护，真是让人感动。毫无疑问，黄达敏锐的洞察力，是因为他真心喜欢叶薰。叶薰知道这点后，自然十分感动。这就是细节的力量，细节中体现了爱，体现了尊重。其实，现实生活中，尊重他人的一个小细节，能够折射出一个人的人格魅力。

鲁迅先生住在北京时，每天晚上都会有客人来访。鲁迅先生都会满怀热情地去接待，亲自迎接客人进屋，为客人倒茶、拿茶点。客人离去的时候，他还端着灯走出家门，将客人送出门外，直到客人走远看不到了才会回屋。

尊重，有时是说出来的，有时是做出来的。体现在细节中的尊重，是一种让人感动的尊重。鲁迅先生在对客人的接待、送别等一系列的小事上都给予尊重，实在令人敬佩。生活中，很多看似不起眼的细节，可以折射出一个人的人品。请把尊重放进生活中的每一个细节里，包括在与人说话的时候，不管面对任何人，我们都应该以尊重的态度进行沟通。

1981 年，时任美国副总统的乔治·布什乘坐自己的专机"空军 2 号"赶往外地执行公务。突然，他接到一个紧急电话，电话是国务卿黑格打来的。黑格说："出大事了，请您尽快返回华盛顿。"又过了几分钟后，密电告知：里根总统遇刺，正在华盛顿大学医院的手术室里紧急抢救。当时布什副总统的"空军2号"还没有着陆，为节省时间，有人给副总统提了一个建议："直接飞往白宫，在南草坪上着陆。"

布什稳住自己的情绪，想了一会儿，最后没有接受这个建议。他解释说："在美国，只有里根总统的'空军1号'才能在南草坪上着陆。我只是副总统，不是总统，不能那样做。"

细节最生动，细节最能说明事情真相。作为副职的布什在那种情况下，不愿破坏规矩，影响里根总统的权威，他对里根总统的尊重，从中可见一斑。

去自动取款机取钱，赶上人多。前面一个小伙子进去后在里面呆了五分钟，外面排队的人都着急了，纷纷小声埋怨他太慢了。一会儿，小伙子出来了，他满脸带笑说："对不起，让各位久等了，抱歉抱歉。"他这句话一说，等在外面的人纷纷说没关系。刚才还埋怨，现在又说没关系，是因为被小伙子的涵养打动了。小伙子取钱用的时间长，又不是故意的，他没义务向等在外面的人道歉。可是他诚恳地致歉，恰恰说明了他的素养高。就冲这一点，就让人消气了。

我们普通人的生活中，没有那么多大事要事，真正让别人看到我们素质和涵养的恰恰是那些容易被忽略的小事。心怀尊重，是人与人之间相互信任的基础，懂得在细节处尊重别人，别人才能给予你应有的尊重。

想起和陈道明有关的一件小事，在拍《归来》期间，结束一天的戏，别人都会换下戏装，而他却还是穿着那旧棉袄戏服，回到酒店也穿着，引人侧目。之所以这样做，陈道明说，一是，怕戏服一脱，演戏的感觉就跑了；二是，也不想给工作人员找麻烦，不如自己处理下就行了。这件事虽然很小，但是可以看出陈道明的敬业精神，也看出了他做人的涵养。在演艺圈，陈道明是少数没有差评的演员。他让人佩服的不仅是演技，还有举手投足间的涵养，让人对他另眼相看。

尊重，是质朴情感孕育的理性之花，无时无刻不在美化着我们的生活，以及人与人之间的感情。尊重一定是相互的，要想获得尊重，首先必须学会尊重他人。尊重他人，往往是从人的一言一行中体现出来的。在现实生活中，我们不妨扪心自问，是否能做到无论何时何地都谦逊友好、以礼待人、与人为善？

滴水藏海，小事情体现素质，小细节里有涵养。加强我们自身的涵养就要从一点一滴做起，个人形象就是在这点滴细节中累积的，而身边的人正是从这些小事中观察我们。如果我们能做到这样，那么我们必将拥有更多的朋友。

故作人情的阿谀奉承之话，令人恶心

故作人情是指对别人装出有感情的样子，以让人感激，让人信服，让人领情或回报。殊不知，装出来的感情既肤浅又虚伪，实在是不耐推敲。因此我们说，故作人情的阿谀奉承之话，令人恶心。

某地一家体育馆需要建造一个用来观看比赛的看台，经过几轮招标下来，肖恩经营的建筑公司成功中标。瑞斯是这家建筑公司的技术员。在建造看台的时候，瑞斯都会预估比赛的场地，以及场地上可能承载的人数，从而确定需要用多少厘米的梁柱，毕竟梁柱是承载整个看台的关键。经过计算，瑞斯预估这次设计的看台必须用二十一厘米的圆钢作为梁柱。

这时，老板肖恩说："二十厘米和二十一厘米差不了多少，使用二十厘米的圆钢应该也可以，那样成本就低多了。"瑞斯想，最近公司资金紧张，或许老板也想节省点儿开销，二十厘米和二十一厘米也确实没有差多少，那就用二十厘米的吧。于是，瑞斯便讨好地说："可以，可以，二十厘米和二十一厘米的圆钢承重量也没有差多少，就按照您说的办。还是您思维灵活，这可为咱们公司大大地节约了一笔开支啊！我现在就修改方案，采购二十厘米的圆钢。"

肖恩作为老板，当即拍板，派人到钢厂定制。瑞斯也马上进入了具体的施工环节，不到一年的时间，看台就建好了。但是，在看台建好第二年的一次赛事上，看台竟然垮塌了，致多人受伤。后来，当地有关部门经过调查发现，不仅建造看台所用的圆钢不符合规格，而且在整个建造过程中，为了节省成本还存在很多违规操作。最后，肖恩和瑞斯都被警方带到了警局，接受进一步的调查。

肖恩做了错误的决定，但瑞斯对肖恩以奉承故作人情，最终断送了整个公司和双方的大好前程。所以说，对做好事的人奉承几句或无大碍，但对做坑人害人之事的人，若再以奉承故作人情，便是助纣为虐，最后受伤的不仅是当事者，更是奉承者自己。

岳欣被调到了事业发展部，她感觉自己有希望当上主管，便邀请本部门的员工吃饭，向未来的下属做感情投资，拜托大家多多关照，目的是让他们到时候能够好好为自己办事。之后的许多天里，谁家的孩子升学，她都去祝贺；谁家的老人生病，她都第一时间去看望。

几个月后，高层发现本公司的发展规划被人泄密了，两个绝好的项目都被同行捷足先登。经过一番调查，原来是岳欣无意中被人利用了。于是，大家纷纷指责她拿工作不当回事，没有责任心。岳欣蒙了，心想："事业发展部的人怎么这样啊？我谁都没慢待过，同事家有事我总是跑前跑后，没有不帮忙的。现在我出了事，没有人来帮我就算了，竟然还落井下石，也太没有良心了。"

岳欣请同事吃饭，同事家有事跑前跑后，或许有些人会承情。但她抱有施恩图报的目的就有故作之嫌了。这也难怪在她出现失误时没有人为她求情。给人好处可以赚取人情，但别指望赚得太多。为了让别人感恩而故作人情，没有人会买账。要与人和谐相处，互学互帮互助，人情自然而生。

黄导的女婿张超在外边喝酒不顾家，女儿倩倩和他吵架。黄导却说："男人在外边不能没有应酬，又不是天天喝酒，你干吗管那么多？"

张超吸烟一天一包不够，衣服烫了好几个窟窿，手指都熏黄了，倩倩让他戒掉。黄导又调和说："张超就这么点儿嗜好，少抽还不行吗？一下全戒了身体也受不了，就是戒也得慢慢来，急不得。"黄导成了张超的"保护伞"，张超叫"老爸"的声音也显得特别甜。后来，倩倩发现张超背着她，一天见了两个女网友，心情特别不好，便把公公和婆婆找来，和张超摊牌了。这时候，黄导却不知道说什么好了。

黄导不希望家庭出现矛盾，本想做人情袒护张超，却不知道自己其实是在放纵张超的行为，进而伤害了女儿。以这种形式故作人情，放纵他人的行为，不能不说是失败。不管是长辈还是领导，都要理智地处理好与晚辈、下属的关系，对他们切不要过于宠爱、偏袒，也无须故作人情去迎合，要做好榜样，理智地处理问题。

李蒙是一家文学杂志的编辑部主任，他制定了竞稿机制，谁的上稿多，谁就赚得多。这个机制可以提高编辑的工作积极性，但李蒙也发现，这对新编辑来说会非常困难。新编辑胡凯看着挺有潜力的，但上稿就不是很理想。李蒙想帮胡凯一把，就偶尔写点儿文章私下给胡凯，让胡凯的稿子也能上得来。李蒙以为这样一来，胡凯会对自己感恩戴德，但他后来却发现自己错了，而且错得很离谱。有一次，李蒙无意中听到胡凯跟别人谈起自己，胡凯说："李主任虽然会帮我，但我觉得他肯定帮助别的编辑更多，因为别的编辑上稿都比我好。可见李主任这人很偏心。"李蒙没有想到自己的好心被人这样想，发誓以后再也不做这样的"好人"了。

在送人情的过程中，有的人走上歧途。李蒙本来想照顾胡凯上稿，但是他这么做，反而让胡凯觉得他的做事风格就是这样，因此认为他必定更加偏心别人。可见，讨好式的送人情，人家可能还觉得你不是真的对人家好。你这样做的结果，往往适得其反。

与人交往，人情总是绕不开的，只要有人的地方就必有人情。但我们不可以使用手段故作人情。人情是在交际中自然形成的，任何形式的追求和故作都是交际的忌讳，切记要不得。

人不可固执，一定要懂得变通

现实当中，很多人做事有自己的标准和原则，这其实没有什么问题，但是当一些事与自己的标准和原则有冲突时，有些人就不知道怎么选择了。而有些人选择不管是什么事，都不愿意放弃自己的坚守，宁愿固执地走到底。但是只知道坚守而不知道变通的人，注定走向另一个极端——固执。

在世界文学史上，卡夫卡被誉为"20世纪最具创造力的作家"之一。然而，这位作家的作品本来大家是看不到的，因为卡夫卡一生中很少公开发表文章。但在他病危之际，他把自己的所有手稿都交给了他的好朋友布洛德。他要布洛德在他死后将他的手稿全部烧毁。可是，布洛德发现这些作品是绝世佳作，是文学精品中的精品，是人类的精神财富。所以，在卡夫卡过世后，布洛德没有执行他的遗嘱，而是把这些作品保存了下来。

曾有人质疑布洛德背叛了朋友，但布洛德表示，自己也曾经为此陷入极大的矛盾之中。但他认为，他这么做尽管违背了朋友的意愿，但对于世人来说是一桩好事。

卡夫卡生前留下遗嘱，要布洛德在他死后将全部作品烧毁。但是，作为卡夫卡的亲密好友，布洛德没有执行这一遗嘱，因为他觉得这些都是人类思想汇聚的精华，如果焚烧了，太过可惜，所以决定留下这些手稿。这是不守原则吗？这是对朋友的背叛吗？表面上貌似是这样，实际上却是表达了他对卡夫卡的爱，他希望卡夫卡的作品能够被更多的人熟知。这才是一个真正的朋友应该选择做的事。

这告诉我们，不管是做人还是做事都应该懂得变通，不墨守成规。

在电视剧《亮剑》中，新一团和团长李云龙都被日本的坂田联队包围，上级让李云龙撤退。但是，李云龙没有服从命令，而是反攻坂田联队。最后，李云龙虽然打了胜仗，但上级不但没有表扬他，还因他违抗命令，罚他去被服厂工作。李云龙非常生气，一肚子怨气和愤怒，他觉得自己在弟兄们面前丢尽了脸，所以发下狠话，说："那是爷们儿干的活吗？这不是逼张飞绣花？不干啦，再给老子个师长也不干啦。我就在被服厂绣花了。"

可是没过多久，前方战况紧急，能带兵打仗的人很少。上级左思右想，只好又去找李云龙。这下李云龙不好办了，因为他之前曾信誓旦旦地说他不干了。现在如果又去了，那岂不是很没面子？但是如果不回去，那不就等于眼睁睁地看着日本鬼子杀害老百姓吗？左思右想，李云龙最后放下了面子。但大家没有笑话他，反而为他能顾全大局而深受感动。

有功劳没有奖赏，反而还受罚，李云龙放出狠话说自己以后再也不打仗了，也是可以理解的。但是，当战况越来越紧急时，面对上级的召唤，李云龙简短地思考之后，还是毅然选择出山。将士们不会觉得他是不守信用的人，因为大家都知道，他这是顾全大局，这是应该做的事。而这件事情告诉我们，我们要做一个明事理、知轻重的人，不墨守成规，不固执己见，不为了所谓的面子，而弃大义于不顾。

现实中，如果我们所遵守的标准是错误的，我们就应该选择放弃，而不是盲目地遵守。

明英宗朱祁镇的一生并没有什么太大的作为，还宠信过奸邪小人，打过败仗，当过俘虏，害过忠臣，算不上一个好皇帝。但是他在晚年做的一件事情，让后人还是记住了这位皇帝。那就是他废除了殉葬制度。

要知道，中国古代的封建制度很多是非常残酷的，其中一项令世人无法接受的制度就是君王死后要多人殉葬，"当死之日，皆饷之于庭，饷缀，俱引升堂，哭声震殿阁。堂上置小木床，使立其上，挂绳围于其上，以头纳其中……"甚至殉葬的人越多，就越能显示君王的尊贵。

其实，明英宗在很小的时候就对殉葬制度很不满，而这又要从他父皇明宣宗时期说起。在明英宗九岁那年，其父明宣宗去世。父皇去世，很多妃嫔也跟着陪葬。那时候，明英宗就深切地感受到殉葬制度的残酷。在他临终前下达了一条诏令："用人殉葬，吾不忍也。此事宜自我止，后世勿复为。"这条诏令结束了在明朝实行了近百年的殉葬制度。

其实在当时，殉葬制度是祖宗的规定，按明朝的殉葬制度规矩："后妃无所出者，殉。"那几乎是不可改变的事。所以在朝中，很多人觉得他是在破坏祖宗规矩。但明英宗知道，人的生命都是值得尊重的，所以他不顾大臣的反对，坚决要求他们执行。就这样，他挽救了不计其数的生命，仅仅这个举动，就足以让他名留青史。《明史·英宗后纪》盛赞："盛德之事可法后世者矣。"王世贞也在《弇山堂别集》中称："此诚千古帝王之盛节。"

现实当中，很多人囿于所谓的规矩，放任错误不管，结果伤人伤己。其实知道规矩是错的，就应该纠正过来，以后正确对待。在日常与人沟通中，我们不能固执己见，因循守旧，要根据客观的情况说话。如果一味强调规则和规矩，不仅会给人留下保守、迂腐、顽固不化的印象，还会影响自己与他人的交往。要知道，没有人会与一个跟不上时代步伐的人交往。

人情话可以化解矛盾

每个人的心里都有一扇门，且很多人是不愿意轻易向别人打开的，除非遇到一个值得为之敞开的人。如果人与人之间有误会、猜疑或隔阂，这扇门会锁得更紧。因此，人与人之间还是尽量少一些摩擦和矛盾，多一些体谅和理解。但是有时候摩擦和矛盾也是难免的，那么此时我们就要试着根据具体情况说一些有人情味的话，来缓解矛盾和摩擦。

季羡林通过臧克家，结识了顾大力。顾大力在图书馆工作，季羡林要的稀缺读物，哪怕说出半个书名，他都能给找出来。1963 年，顾大力回吉林老家，季羡林拿出三百元钱，托他捎些东北特产。哪知道，特产没捎来，三百元钱他还给花了。回来后他感觉没法交代，便躲着季羡林，不敢露面。

季羡林从臧克家那里了解到这一情况后，也没有太生气，而且还去图书馆找顾大力，让他放下这个包袱，说："没钱的难处谁没经历过？有困难花就花了，我不要了能咋样？你有困难，借朋友光也是正当的，不要难为情。"顾大力非常感激，和季羡林吃了顿饺子，总算释然。一年后攒够了钱，顾大力才把这钱还上，两个人的友谊也更进一步。

顾大力花了捎东西的钱，肯定是家里有难处，不然谁会这样呢？所以季羡林便去找顾大力，让其放下包袱，使其释然，二人的友谊当然会更进一步。从季羡林的说话和做事中，我们可以看出，他是一个非常有人情味的人。在必要的时候，能通过换位思考，给对方以体谅，给对方以贴心的关怀，这样的人当然也就能交到很多好朋友了。

在日常的沟通交流中，不管是为了获得他人的信任，还是为了建立一份真挚的友谊，抑或是有其他目的，我们都应该做一个有人情味的人，说一些有人情味的话，必要的时候首先抛出"橄榄枝"，取得别人的信任，让别人愿意亲近我们。

刘元元跟单位的同事总是不大和睦，好像大家都得罪了她。每次单位搞活动，她都不热心参加。作为同事的李静想帮帮她，但尝试了几次都不成功。有一次，单位又发起向某同事捐款的活动，大家都纷纷献爱心，只有刘元元无动于衷。

一天，刘元元扁桃体发炎，高烧三十九度，下楼时又不慎跌倒摔坏了腿，还把扶她的同事撞倒了。李静关切地对她说："别担心，没什么的，有我们呢。老赵已经打过 120 了，我们跟你去医院。钱的事情你也不用担心，我们先付。"

于是，李静跟着刘元元上了救护车，到医院后，李静又陪刘元元做检查，与她亲属联系。刘元元的病和腿伤好了之后，她特别感激大家，还给大家买了很多好吃的。而正是因为这件事，刘元元和李静成了要好的朋友，在单位里，她不再拿自己当外人，而是与同事们"打成了一片"。在刘元元心里，她最感激的人就是李静，当时李静说的那些充满人情味的话让她感动。

人的冷漠孤僻，多与自己被人漠视的经历有关。刘元元不合群，对单位的活动不热心，但李静在其生病和遇到困难的时候，用充满人情味的话语和行为打开了她的心扉，使她与大家成了朋友。

战士李镇海和夏荣因为争论中说了过火的话，互相顶牛，谁也不和谁说话。连队的孙指导员找到两个人谈心。孙指导员先问李镇海："你和夏荣是什么关系？"李镇海说："没有什么关系。"孙指导员说："怎么没有关系？你们是战友，一个连队的战友，如果在战争年代，你们会在一个战壕里同敌人作战，生死与共。如果敌人的子弹射过来，你愿意为你的战友挡吗？如果敌人的刺刀刺过来，你愿意为你的战友挡吗？"李镇海说："我愿意。"孙指导员又问夏荣同样的问题，得到了肯定的答复。孙指导员说："你看，生死时刻你们为保护战友，可以连命都不要，为什么却为几句话计较，为一点儿微不足道的小事都把对方看成仇人似的？一个可以为对方不顾生死的人，却受不了他的几句过火话？不觉得可笑吗？"听完孙指导员这番话，两个人都不好意思了，片刻便冰释前嫌。

　　亲戚朋友之间常常为一点儿小事闹别扭，但却可以在对方需要时挺身而出。其实战友之间也是如此，他们可以并肩作战，舍命相救。但在生活中却会被一时的情绪所左右而闹矛盾。孙指导员用战友这一包含情分的关系，唤醒李镇海和夏荣的战友情。当他们懂得了彼此间的真情意，又怎么会计较一些小矛盾呢？充满人情味的话语和行为，可以很好地化解矛盾。

　　郑言和徐彪是发小儿，郑言是一家事业单位的"一把手"，徐彪也在这家单位工作，他仗着和郑言关系好，有时做事便有些肆无忌惮，经常迟到早退，小错不断。一次，郑言把徐彪请到家里吃饭，边吃边说道："咱俩这关系，要是我有啥事，找你帮忙，你会帮吗？"徐彪说："你的事就是我的事，你有啥需要我做的，说一声就行。"郑言借机说道："你别看我表面上风光，但得有人支持，工作才能顺利开展。在单位，你是我最好的朋友，我希望你能做支持我的那个人！"徐彪说："我职位低，咋支持你？"郑言说："这个跟职位高低没关系，我制定的制度，你带头遵守；单位有任务，你带头执行，这就是对我最大的支持！"徐彪听完，点点头，说："我明白了。"以后果然严于律己，不再犯小错误了。

　　下属和自己是发小儿，从感情的角度来说确实不太好意思批评指责他。但反过来想，既然你和我感情那么好，那怎么好意思违反我制定的制度呢？怎么好意思不积极执行我下达的命令呢？郑言便是从这个角度出发，告诉徐彪，你是我最好的朋友，你都不支持我，谁还能支持我？一番话，从感情的角度出发，令徐彪认识到了自己的错误。

　　因此，在日常生活中，不管身边的人是友善还是冷漠，我们都应该做好自己，用真诚的、充满人情味的话语与其沟通和交流。当我们能以一种对待亲人的态度对待别人的时候，别人肯定会感到从未有过的温暖和呵护，而这种温暖和呵护会如春风般吹化其内心的坚冰，而我们也会因此收获一段真挚的友谊。

第四章

低调与高调

谦卑的人会变得高贵。

——［意］达·芬奇

吃嘴上的亏，低智慧的头，才是真正的说话高手

被誉为"神童"的巴洛特利，曾摘得第八届"欧洲金童"的称号。在颁奖典礼上，巴洛特利表现出了自己乖张的个性："我很开心得到 2010 年金童奖，但恕我直言，除了我能得奖外，还有谁呢？……但我的目标可不是这个奖，我要拿金球奖，那可是个没年龄限制的奖……我认为在整个欧洲足坛，比我强的就只有一个人——梅西。其他的人都在我身后……"巴洛特利如此自吹自擂，不免让大家厌恶。

巴洛特利的足球天赋固然令人惊叹，但他在获得金童奖后，说比他强的只有梅西、自己也会获得金球奖等，那就太自大了。如果巴洛特利说："虽然今天获得这个金童奖，但我会更加努力，向足坛明星梅西看齐，争取拿下金球奖。"这样的话就容易让人接受了。生活中，有理想和抱负当然是难能可贵的，但谈起成绩时，千万不要迷失方向，不要丢了谦虚。说出来的话，不要狂妄自大甚至自恋，否则就会遭人反感。

低头不是软弱，不是无能，而是一种气度，一种修养。古话说："智者善屈尊，愚人强伸头。"笑着低头，就是收敛自己的锋芒，做到以柔克刚。在生活中或者学习中感觉不如意时，如果我们学会笑着低头，往往会获得意想不到的效果。

左宗棠脾气火爆，在官场多年，得罪了不少人，朝中大臣大多看不惯他，对他不时会有侮弄或者嘲讽。郭嵩焘曾舍命帮过左宗棠。后来，左宗棠镇压太平军取得成功。但太平军的残部涌入广东，时任广东巡抚的郭嵩焘向左宗棠求救，战事平息后，左宗棠写信挖苦、讽刺郭嵩焘，言语甚是严厉。

郭嵩焘退休之后回到长沙定居，左宗棠有一天觉得内疚，对不起这个朋友，于是就去长沙见郭嵩焘，表示歉意。很多人当时很震惊，但左宗棠确实意识到与人交往要学会低头。他后来总结说："与人共事，要学吃亏。"俗语云："终身让畔，不失一段。"

人是社会性的动物，没有人可以生活在只有自己的世界中，做人要将心比心。一个人真正成熟，不在于年龄，而在于能够掌控情绪，学会低头。对待咄咄逼人的话语，别上火；对自己犯的错，要勇于承担。学会笑着低头，在不涉及原则的问题上学会退让。生活中没有那么多你死我活，低头是一种素养，更是一种豁达的胸襟。主动低头，吃点儿亏，其实是一种隐性投资。

李元升职做了公司的销售经理后，在同学聚会上，他吹嘘自己道："我接触的都是大客户，都是分分钟上百万的主儿，人家请我吃饭，都是去五星级的饭店，那叫一个气派！"同学们听他吹嘘，都有点儿厌烦。赵信自己开公司，生意做得很大。有人就问赵信："听说你的生意挺大，发财了吧？"赵信说："我就是一个俗人，没啥别的本事，都是小打小闹。你看看乔颖，博士毕业，在大学当教授，人生境界比我高好几个层次；再看刘志，在事业单位，工作稳定，我们做企业，现在看着不错，一时出错，就可能倾家荡产，这份稳定是最让人羡慕的；还有老兄你，一直从事自己喜欢的写作工作，人一辈子能做自己喜欢做的事，那才是真正的幸福啊！"大家听了赵信的话，都很高兴！

大家在一起聊天，李元一直自吹自擂，看似是抬高自己，但是他的吹嘘却令人厌烦，反而降低了他在别人心目中的形象；而赵信虽然事业做得很好，但是他放低自己，抬高别人。既让别人喜欢他，也展示了自己谦逊低调的品质，让别人更尊敬他。他在别人心中的形象，自然也就抬高了！

一家外贸公司在一次人才交流会上招聘销售总监，考官让每个面试者当场讲一下这个话题："如果你成为我们的销售总监，你能为公司带来什么成绩呢？"其中，有一个面试者说道："我曾经在外国上学，毕业后还在很多个外国知名公司上班，对于销售，我非常了解，对于外国人的生活方式，我也很了解。我也认识很多外国知名人物。如果我竞选上这个岗位，我不仅可以卖好产品，更能为公司在外国客户群中树立诚信美誉。我敢担保，只要给我时间，凭我的条件一定能为贵公司带来不菲的效益。"面试官听了感觉他很有自信，就问："那你有什么计划吗？"谁知，这位面试者的回答竟是："暂时还没有。但我觉得我能做好的，我相信我自己。"面试官当场就说："那你跟我说你的那些经历有什么用呢？在跟我吹牛？"

这位求职者夸夸其谈，说自己在外国如何如何牛，显得自己很有实力，而当面试官问他有没有具体的计划和想法时，他却说没有。也就是说，他根本就是在夸夸其谈、在吹牛而已。这样不切实际的人，谁敢录用呢？

低下头才能认识到自身的不足，才能沉下心来丰富自己；低下头才能踏踏实实做事，脚踏实地做人，才能使自己站得更稳。生活总是充满酸甜苦辣，懂得笑着低下头的都是聪明人。

人生总会遇到不顺心的事，那么此时的低头不是自卑，不是懦弱，而是一种智慧。适时低头，适时示弱，是一种大智若愚的表现。该低头就低头，不要一味地固执己见，有时候我们过分强调自我，争强好胜，只会使彼此的关系走向绝境。

做人做事莫摆谱，说话一定要靠谱

　　"摆谱"一词来源于 19 世纪初期东北地区移民屯垦。老辈人家都有家谱，大家常会把家谱摆出来，看谁家的"谱大"，后来人们就把讲排场、向人显示自己的地位叫"摆谱"了。现在人们习惯用摆谱来形容一个人爱摆架子，爱显摆自己，而这种爱显摆自己的人是很多人都讨厌的。

　　大学同学聚会上，几个同学正在讨论某楼盘的精装房质量太差，好多业主去维权的事情。这时坐在一旁的张小霞一听同学们说的楼盘就在自己家旁边，于是赶紧凑过去说："哎呀，那个楼盘就在我家别墅旁边，我们家买的别墅是自己装修的，没用他们装修反倒好了。我家装了十个卧室呢，都是我老公设计的。"

　　有同学就说："哇，十个卧室，张小霞家里好有钱啊！"张小霞笑眯眯地说："我们别墅区的地产商很牛，品质绝对一流。"同学们说："别墅啊，我们这辈子也买不起了。"张小霞说："买不起别墅也没关系，买一个两居室、三居室的楼房也好啊，其实别墅住着也就那样，只不过是有个独立的小花园、游泳池罢了。"

其实，明眼人一看就知道张小霞是在炫耀自己。而现实中像张小霞这样的人，在与人交谈的时候，不顾及别人的感受，肆意地炫耀自己，其实是很让人讨厌的。

吹牛炫富，不是心虚怕被人看不起，就是小看了别人。但不管怎样，说话摆谱，显示自己的富有，不但让人反感，最终也会使自己走向孤立。即使我们比别人富有，说话也应该谦虚、低调。

去年，张娟在舞蹈班当上了领舞，黄春燕对她很不服气。今年，市区举办个人舞蹈比赛，张娟准备去参加，就报名交材料参加评选了。可每个班级的名额有限，如果张娟参加了比赛，必然没有黄春燕的份儿。于是，黄春燕非常生气，主动找到张娟让她放弃参加比赛。

在舞蹈排练室里，黄春燕摆着一副"我是老大"的架子，说："张娟，你练多久的舞蹈了？才来舞蹈班一年而已，现在就想去参加比赛，真是做梦！我已经来两年多了，参加了三次舞蹈比赛，次次都获得二等奖，你比得了吗？你不就是个领舞吗？还好意思报名参加舞蹈比赛，我真替你脸红。"

张娟当时并没有与黄春燕争论什么。事后，有人将此事告诉了老师，老师立即对黄春燕进行了严厉的批评。黄春燕想让张娟放弃参加舞蹈比赛，便大摆老资格，其霸道无理的做法无疑让人心生厌恶。

很多人会犯这种毛病，当看到别人获得成功时，就眼红得不得了，总是想打压别人，以自己的"谱大"为由诋毁人。殊不知，说那些摆谱的话，不过是自己无知和心胸狭窄的表现，而这样的人肯定不会得到他人的喜欢的。

20 世纪 20 年代初，美国作家海明威与诗人庞德相识了。当时的海明威已经名满欧美，风光无限。因此，庞德跟他在一起时，总是显得有点儿拘谨，寡言少语。海明威发现这个问题后，决心打破这个怪圈。一次，海明威跟庞德在一起谈文学时，他主动谈起了欧美流行的诗，还当场朗诵了庞德的诗，向他请教。然后，他又拿出一份文稿递给庞德，说自己只会写小说，不会写诗，但很喜欢诗，就学着庞德的诗，模仿了几首，请庞德指教。一谈到诗，庞德自然是兴致高涨，滔滔不绝，当场评点了海明威的诗，海明威连声感谢。从此以后，庞德跟海明威在一起，再也不会拘谨了，而是畅所欲言，就这样，他们成了一对无话不谈的好朋友。

在人际交往中，有的人总是自视甚高，动辄摆出一副高高在上的姿态，拒人于千里之外，结果招致对方的反感和疏远。而很多有成就的人，却有意放低自己的姿态，谦和为人，低调处世，一点儿也不摆谱，这使自己的形象和魅力大为提升，赢得了他人的尊重和敬佩。

孔子知识渊博，博学多才。有人感叹说："孔子这么渊博，他会的东西我们连名字都叫不上来。"孔子听到后，谦虚地说："我会什么呀，只是会赶车罢了。"

在那个年代，有六种本领是一个有才学的人必须具备的：礼、

乐、射、御、书、数。而御可以简单地理解为赶车。在这六种本
领中，赶车被认为是最简单的。孔子说自己只会赶车，可见其有
多谦逊。

虚怀若谷，说话得体，对人谦逊，做事恰当，是为人处世的
高境界。君子当有傲骨，但不可有傲气。无论身在何位，品德高
尚的人都能谦恭有礼，待人和善。蔡元培在北大担任校长期间，
每次迈进大学校门，他都会摘下礼帽，向迎接他的学校杂工们鞠
躬。有人和他打招呼，他也会躬身致意。在担任研究院院长时，
蔡元培只在食堂吃大锅饭，从不搞特殊。以至于其他领导也不好
意思搞特殊了。蔡元培的谦谦君子之风影响了很多人，无论他在
哪里任职，都深受欢迎和拥护。

泰戈尔的《飞鸟集》中有一句话是："当我们大为谦卑的时
候，便是我们最接近于伟大的时候。"摆谱，是非常愚蠢的一种行
为。让一个人显得高贵的从来不是出身，不是财富，也不是能力，
而是他在为人处世、待人接物时所体现出来的修养。

摆谱是一种高调的显示性语言，靠谱才是一个人真才实干的
真正体现。摆谱者令人讨厌，靠谱者令人尊敬。因此，我们莫要
因为自己的优势而说话摆谱，做事摆谱，摆谱的人只会招人厌恶，
而且这是人际交往的一大禁忌。

人贵在成名后的态度谦虚，语言温和

在现实生活中，我们会发现很多人有了一点儿地位、成就、财富后，就想拿出来显摆一下。其实，那只能说明他们无知、浅薄，而这种人也只会让人鄙视。一个真正有能力的人，从不屑于炫耀自己的地位、权力、财富等。他们在跌宕起伏的人生经历中已经慢慢地历练了性情，懂得了谦虚低调，这就能够赢得别人的尊重和拥护。

我曾采访过香港电影明星郑则仕先生，郑则仕先生两度夺得香港电影金像奖影帝，但是在日常生活中，他非常低调，没有任何架子，从不显摆，不炫耀。在接受记者的采访时，郑则仕亲切地与记者打招呼、开玩笑、聊天，就像日常生活中的普通人那样。一直以来，郑则仕先生都没有明星架子，总是以和蔼可亲的态度待人。别人会问到郑则仕先生在生活和工作中的方方面面，他都非常有耐心地给予详细的回答。

有一次在外面拍戏，他的一群好朋友过来看他。到吃饭的时候，朋友提议去高档的餐厅吃饭，但是郑则仕则随意地走进一家面馆，说在这里吃就很好。朋友们都觉得面馆太小，没有什么好吃的，而且在这里吃好像很没面子，于是一直试图说服郑则仕去大饭店吃饭。但郑则仕说："去大饭店吃就有面子了吗？这样的面子要来何用？我们大家都喜欢吃面，吃得开心就行了，何必特意去那些大饭店吃。"一行人见他坚持，也就随他了。

吃完饭后，有的友人自己开车走了，有的搭乘出租车离开，只有郑则仕步行到公交站，独自坐公交车回家。送他的朋友奇怪地问："你吃饭随便去个小馆子吃，坐车也要去挤公交车。你现在可是大明星，这样多掉价啊！"郑则仕笑着回答："打车也太浪费钱了，坐公交车也没什么不好啊，很方便，方便就好了。"

在采访中，郑则仕一直强调："我是小演员，我从来不是大明星。我们是平等的，众生平等。你有条件想享受好一点儿，可以；有条件想普通一点儿，也可以。谁规定演员不能进茶餐厅、蹲大排档的？谁规定明星就不能吃路边餐的？我就吃路边餐的，看见臭豆腐好，就来一个，鱼丸子好，来一个。"郑则仕的这番话，不免给了平凡的我们很深的触动。

郑则仕虽然是明星，但他从来不摆架子，说话做事低调有涵养，态度温和，为人友善，一直保持着朴实的生活方式，以平和的心态看待自己过去的成就。正因为如此，他才赢得了观众的喜爱，在生活中也拥有了更多的朋友，并得到了大家的尊重和拥护。

这告诫我们，无论我们取得了多大的成就，都应该保持谦虚低调的生活态度，以及处世风格。因为谦虚低调可以让我们更有风度，更有涵养，更具有人格魅力。而且这种人格魅力正是我们一生所要追求的至高境界，也是成功的标配。

金庸在绍兴的兰亭参观，有人请他题词写字。他推脱不过，就写了八个字："班门弄斧，兰亭挥毫。"可见武侠小说的一代宗师如此谦逊。金庸被北京大学聘为名誉教授，去北大演讲。他说："北大让我再次讲学，有一种怎敢当的心情。于是我写了一行'草堂赋诗，北大讲学'。我是搞新闻出身的，做新闻是杂家，跟专攻一学的教授不同。如果让我做正式教授的话，那是完全没有资格的。幸亏我当的是你们的名誉教授。"

"虚心竹有低头叶，傲骨梅无仰面花。"真正有大本事的人，不会炫耀自己有多了不起，而是低调、内敛，言行中透露出谦逊。金庸的武侠小说那么受人欢迎，凡是有华人的地方就有他的小说，堪称"一代宗师"。但他却从未骄傲自满，反而在人前保持谦逊。真正值得尊敬的人，从来都不是锋芒毕露、咄咄逼人，而是在取得成就后，内心还保留着对他人的尊重和真诚的谦逊。谦逊是一种修养，这种修养的养成，就是一个人内心世界不断丰盈的过程。

朋友相交，平等的态度很重要。弱势者和强势者相比，本来就处在相对较低的位置，你再让他低头认错，两个人之间的距离就更大了，只会增加彼此的隔阂。而强势的人去向弱势的人低头，却会让人觉得你是礼贤下士，赢得人们的赞扬。与人发生矛盾，只要不是原则性的，你越是处于强势地位，越应该有谦逊的态度。

否则，你总是高高在上，别人怎么会愿意和你交往呢？

谦逊使人接近于伟大。别林斯基说："一切伟大的东西都是淳朴而谦逊的。"和谦逊的人相处，如沐春风。他们的胸怀、境界和格局让人敬仰，他们的品德、修养让人敬佩。

与人交往，我们应该懂得放低自己，尤其是当自己处于强势地位时，放低姿态，学会低头，态度要谦虚，语言要温和，这更能让人感受到我们对他的尊敬和情意，我们也会因此而树立起良好的形象。

名气再大，也应常怀感恩之心，常说感谢之话

当一个人的才华和机遇同在时，这个人的事业就会有成。但一个人经过长时间的努力取得了一定的成就时，这个人很可能就会沾沾自喜，甚至会骄傲自满。然而一个真正成功的有智慧的人，在取得成就时仍会坚守初心，不得意忘形，不骄傲自满，仍以一颗谦虚之心对待身边的一切人和事。

有一个文学爱好者，家境贫寒，却自学成才，写出了一部优秀作品，获得了一个重要的文学奖项，成了一个知名的作家，更成了他们当地的名人。领完奖，他回到老家，亲戚朋友和家乡一些有头有脸的人物为他接风。在吃饭时，大家一直想让他坐在主桌的主位上。他坚决拒绝了。他拉着一位老人的手，要老人坐在主位上。这位老人是村里一位普通的农民，和他是平辈，在他小时候对他很是爱护。在吃饭过程中，鱼一上桌，他就先夹了两块放在老人面前的碟子里。他说："我知道老哥爱吃鱼，我小时候总爱向老哥家跑，因为老哥有张渔网，时常能打点儿鱼。虽然那时

打到的很多都是小鱼，但老哥还是挑最大的给我，我忘不了啊！"

有的人平时表现得踏实本分、与人为善、和和气气，而一旦得势就完全像换了一个人，说话趾高气扬、目中无人，甚至会说一些讽刺他人的话。这样的人是不可能赢得他人的尊敬的，围着他转的也多是些趋炎附势之徒。这位作家成名之后，也没有任何架子，平易近人，亲自为一位普通的老人夹鱼，足见他的品德高尚。在别人眼里，他是获得殊荣、享誉一方的大作家。而在家乡人面前，他把自己看成普通的一员，心里装的是当年家乡人对自己的好。这样的人，谁会不喜欢呢？

在黄渤和宁浩同时作为某档节目的嘉宾，要一起登台时，主持人先念出黄渤的名字，黄渤没有先上台，而是等主持人报出宁浩的名字后，黄渤才请宁浩先行，自己随后。到了台上，黄渤把宁浩让到正中间的位置，而自己则站在旁边，处处显示出他对宁浩的尊敬。

在后台休息时，主持人提到了这一点，黄渤说："如果我知道你先念我的名字，我肯定不同意，我和宁浩一起登台，怎么也不能我在前啊。没有当初他的《疯狂的石头》，我不知道今天的我会怎样。"

在娱乐圈里，谁不想让自己成为舞台中的焦点？但是黄渤不愿意在宁浩前面登台，甘愿把舞台中心位置留给宁浩。因为他没有忘记自己是因对方导演的戏而走红的。但在现实中，有的合作者在自己得势后，便会翻脸不认人，有的友情因为一方得势后而变淡，大家甚至变成陌生的路人。

得势了就变脸，甚至说一些诋毁他人的话，这是不可取的，而且会使彼此失去最宝贵的情谊。像黄渤这样始终保持一颗谦逊之心，懂得感恩，那么情谊就会越来越深厚，自己的路也会越走越踏实，越走越宽。

武术大师黄淳梁年轻时心高气傲，学了一些拳脚就觉得自己天下无敌了，他去向武术宗师叶问挑战。叶问的武艺比黄淳梁高得多，轻松地就占据了上风，但他却全都是点到为止，丝毫没伤到黄淳梁。比武结束，黄淳梁愤愤不平，叶问却主动向他行礼致意，说道："黄兄弟的武功，糅合了许多西洋的拳法，可谓是独树一帜，这番比试让我受益良多，以后我们还要多多交流，取长补短！"叶问的做法，让黄淳梁很是受用。两个人非但没有因此而产生矛盾，反而不打不相识，成了好朋友。后来，黄淳梁更是拜叶问为师，成就一段佳话！

黄淳梁比武输了，心里本来就不舒服，如果再让他低头认错，只会增加他的不满，给交往造成不可挽回的裂痕；而叶问主动，向黄淳梁致意，却是在照顾黄淳梁的感受和面子，赢得了黄淳梁的敬意。这就是得饶人处且饶人，也是得势不变脸。别人和你相处，感受如何，和你的姿态高低有直接关系。越是强势，越要低头，越要照顾别人的感受，这样别人才会更愿意接近你，与你交往。

在《神雕侠侣》的结局，杨过在襄阳帮助郭靖大败蒙古军，赢得万民敬仰。恶战过后，郭靖高兴地说道："过儿，郭伯伯实在为你感到骄傲。"杨过说："过儿幼时若非得到你细心教导，也不会有今天的成就。"郭靖赞道："好，做人千万不能忘本。当年，若非七位恩师（江南七侠）远赴大漠寻找我母子，后来又得七公栽培，我郭靖也不会有今天。"杨过懂得感恩，说感谢的话，郭靖同样懂得感恩，说感谢之话，两个人真是无愧于大侠的称号。

老子说："持而盈之，不如其已；揣而锐之，不可长保；金玉满堂，莫之能守；富贵而骄，自遗其咎；功成身退，天之道。"这告诉我们，与人相处，要持有平常心，贫而不谄媚，富而不骄横，得势不变脸，即使名气再大，也应该常怀感恩之心，宽厚待人，以礼相让。这不仅是人际交往的智慧，更是每一个人都应追求的至高境界。

话是说给人听的，不是为了显示优越感的

郭芙和杨过年纪相仿，而且又有父辈的一层关系在，照理来说两个人应该成为好朋友才对。但是，尽管郭靖一家对杨过关怀备至，杨过却始终无法和她愉快相处。为什么？原来郭芙从小娇生惯养，不但养成了霸道蛮横的性格，还非常爱显贵。在生活中，不管遇见谁，她一开口就说自己是大英雄郭靖和黄蓉的女儿，以显示自己高人一等。这样爱炫耀，让大家都很厌烦，杨过更是反感她处处显示自己的优越感。

郭芙总显示自己的高贵和优越感，结果却是惹人反感，遭人厌恶。这样的教训实在深刻。但是，在现实生活中，很多人是不是也会犯类似的毛病呢？自己有了一点儿地位、成就、财富后，是不是也想拿出来显摆一下呢？可千万不要这么做！显示优越感，只能说明你势利、无知，只会让人鄙视。其实，只有懂得谦虚低调的人，才会赢得别人的欢迎与爱戴。

单位有位同事，大家私下都称她为"优越姐"。为什么要这

样称呼她呢？因为她说话时总是表现出自己的优越感，哪怕是不起眼的事，她也要显示出比别人强。

有一天，孙敏上班迟到了几分钟，一进办公室，"优越姐"就"嘘寒问暖"："路上堵车了吧？"孙敏说："是的，今天我六点就起了，还是迟到，路上实在是太堵了。"听到孙敏抱怨，"优越姐"说道："你每天起那么早，真辛苦。估计你堵在路上的时候，我还在被窝里做梦呢，我家离单位近，公交车四站地我都不想坐。你要坐两个多小时，真是太痛苦了！"说完，"优越姐"脸上不自觉地洋溢起了得意的表情。而孙敏听完这番话后则寒着脸说："我用不着你同情，不过就是离单位远点儿，我还可以锻炼身体呢。"

"优越姐"的话让孙敏不快，就是因为她的话里有和孙敏攀比的味道。"优越姐"拿自己家离单位四站地与孙敏坐车要两个多小时相比，又拿孙敏堵在路上的时候与她还在被窝里做梦相比，无疑是在显示自己的优越，这只会让孙敏心里更难受。生活中，我们绝不能说一些放大或强化别人痛苦的话来显示自己的优越感，把自己的优越感建立在别人的痛苦之上，别人能不讨厌你吗？

每一个人都希望自己一切安好，但是我们不应该因为自己有优势就肆意表现，不考虑别人的感受，说一些"站着说话不腰疼"的话。如果这样，非但不能为我们带来任何好处，还会影响我们与他人的正常交往，甚至会影响到我们未来的发展。

和"优越姐"在一个办公室的李姐的老公在外企工作，前段时间她老公升职了，成了高管。大家知道了这件事都纷纷表示祝贺，有同事说："这当高管了，年薪得上百万了吧？以后李姐可是我们办公室的富婆了。"

这时，"优越姐"插话了，说："年薪百万，不得了啊，但能挣到这么多钱，工作肯定很累，还是自己当老板的好。我妹夫以前也是高管，钱挣得也不少，但一天到晚不着家，很辛苦。他就说给别人打工太不舒服，于是辞职自己干。现在人家自己开公司，可牛了，百八十万也就是一单生意的钱！""优越姐"一番不经思索的话，让刚刚还笑靥如花的李姐脸上顿时没有了笑容。

现实生活中，有一些人和"优越姐"一样，总是喜欢与他人攀比，无论是用语言还是行为，显示自己的优越感。一旦有人在某一方面超过了他，他就会从别的地方把别人比下去，反正就是要表现出自己的优势。这种人可能很热情、健谈，可总是会为了表现自己而得罪他人，而别人自然也就不愿意与其深交了。

我们平时在与人沟通的时候，不要总想着表现自己，不顾别人的感受，随便说一些伤人的话，要知道每个人都有表现自己的欲望，理解别人就是理解自己，尊重别人就是尊重自己。

先听先看莫先说，明白形势再表达

从曹操到曹芳，司马懿苦熬四十多年，最终成就了自己儿孙的霸业，可以说他才是三国最成功的"打工者"！纵观司马懿的一生，他总是低调行事、以弱示人，最终厚积薄发、一招制敌，这一切无不证明司马懿是一个颇能忍耐之人。

平时，能忍的人主要表现在能忍住口中的"怨愤之话""气恼之话"不轻易说出口。要知道，生活中的很多争吵是因为我们不能忍，一句话就挑起了争端。如果我们每一个人在吵架之前都能忍一忍，少说一句话，那么这个世界的争吵就会少很多了。

曹操求贤若渴，宁可冒着被刺杀的危险，也要现身"月旦评"广招天下英才。司马懿替弟弟对战杨修，展露出过人才华，此后司马懿的种种表现更是让曹操非常欣赏。曹操知道司马懿这人聪明有才，想征召他出来做官。但当时中原群雄割据，连年混战，形势还不算明朗，司马懿知道曹操只是群雄中的一员，未必能撑到最后。

于是司马懿并不急着站队，一直持观望态度，并且不惜装病，拒绝了曹操的征召。直到后来曹操击败袁绍，当上丞相，根基稳固了，中原形势已然明朗了，司马懿才接受曹操的征召，到相府担任文学掾之职。

"良禽择木而栖，贤臣择主而事。"在封建社会，一个人事业上的建树有多大，不仅与个人的机遇有关，也与个人的职业规划有关。司马懿年轻时便开始了他的职业规划，他懂得评估自己的价值，没有着急找工作，而是审时度势，默默地等待最好的时机，并且为此不惜韬光养晦，令人叹服。

曹丕和曹植争储时，司马懿非常谨慎，他当过曹丕的老师，但同时还是曹操手下的重臣。杨修明面上支持曹植争夺储位，司马懿则明显地疏远了曹丕，一心一意效忠曹操，勤勤恳恳地工作，甚至亲自养马，这是司马懿聪明的地方。因为他知道，曹操是最忌讳别人参与争储、干预其家事的。所以，尽管司马懿是曹丕的朋友，也想助曹丕一臂之力，但还是忍耐着不去帮忙，就算是曹丕苦苦相求，他也借故推辞了。

杨修却没有意识到这一点，非常高调地帮助曹植夺储。直到后来曹操被封为魏王，曹丕做了魏王世子，司马懿也升任为世子中庶子。这时候，司马懿才鼎力协助曹丕顺利登基，他也成了一位大功臣。在电视剧《军师联盟》中，杨修在死前曾对司马懿说："你能忍，而我不能忍。"可谓一语道破司马懿的忍功非凡。

三国时期，诸葛亮和司马懿曾对峙于五丈原，当时蜀国国势弱小，粮草不济，因此诸葛亮力求速战速决。但是司马懿早就看穿了诸葛亮的计谋，于是就依仗着自己粮草充足，一直拖延，就是不出兵迎战。当时，诸葛亮无数次派人在司马懿的大营前叫骂挑战，司马懿都紧闭营门，坚守不出。后来，诸葛亮实在没有办法了，就将一大堆女人的衣服首饰装在盒子里，派人送给了司马懿，并让人告诉司马懿："你如同乌龟一样缩在大营之中，不敢出战。"

司马懿知道这是诸葛亮的激将法，于是继续忍耐，并接受了诸葛亮的"厚礼"，但仍不出兵。于是，五丈原上，两军对峙百日，最终诸葛亮体力不支，积劳成疾。诸葛亮自己也承认这一生最难对付的人之一就是司马懿。这足以证明司马懿的能力非凡，而他最大的优点就是忍。

曹叡死后，作为皇亲国戚的曹爽势力更大。虽然司马懿和曹爽在当时是地位不相上下的两大权臣，但毕竟曹爽姓曹，权力更大一点儿。曹爽和司马懿的恩怨由来已久，曹爽总想置司马懿于死地，一人独大。

司马懿深知形势对自己不利，于是不得不低头，开始装病，无论曹爽如何欺压司马家的人，无论曹爽如何胡作非为，司马懿都忍着。目的是让曹爽放松对自己的警戒。直到有一天，曹爽陪曹芳去高平陵祭陵，司马懿见机会来了，身披重铠，手握长剑，带领士兵将曹爽的党羽一并剿灭。凭此一役，司马懿算是彻底站稳了脚跟。

《三十六计》云："宁伪作不知不为，不伪作假知妄为。"外露愚拙，内藏智巧，能够假痴不癫，才是真正的智者。司马懿可谓深谙此道，在人生的多次争斗中，都能选择百般隐忍，直至时机成熟，才敢放手一搏。

孔子曰："小不忍，则乱大谋！"能忍常人所不能忍，方能为常人所不能为。忍不是懦弱，而是一种新的进取。一个"忍"字告诉我们，遇事一定要先听先看莫先说，明白形势之后再说话。在我们与他人的交往中，不仅要忍一时风平浪静，更要在忍的过程中，积蓄力量，以便在日后能勇往直前，一举取胜。

第五章

自修与胜人

　　修养的本质如同人的性格，最终还是归结到道德情操这个问题上。

——［美］爱默生

为人遮丑的人，才是聪明的交际高手

　　现实中，一个人再如何认真都难以做到十全十美、无懈可击，欠缺和疏漏总是在所难免。就这一点而言，我们与人交往的时候，就要学会对别人的"丑"予以理解，并且善于用话语给人遮丑，让别人避免尴尬。当然这对我们自己也有一定的好处，或许能够让我们收获一份真挚的友谊，也可能是一份美好的爱情。那么，我们该如何用语言为别人遮丑呢？

　　我们可以用褒扬优点法给别人遮丑。听老人讲过一个故事，说是战争时期，有一位校长创办了一所学校，学生都是战争中流离失所的儿童。一次外出参加活动，为了让孩子们穿得体面，学校从保育会借了几百套半旧的服装。活动结束后，老师和同学们都需要交还衣服，这时经校长检查发现，有一名女教师交来的衣服里有虱子卵，这问题很严重。当时在场的教师有很多，令这名女教师尴尬不已。

　　这时校长却幽默地说："我们的老师这些天忙得'不亦乐

乎'，既要当班主任，又要做全校女生的工作，排练节目，组织游行，管理宿舍，哪儿都离不开她。可是谁也没想到，这次我从她交来的衣服里发现'敌情'了——有虱子卵。这么能干的老师都有纰漏，可见我们的疏忽，所以不合格的衣服不能还，现在我们就把衣服通通拿回去，有虱子卵的必须'肃清'，以免流传。"

面对自己交还的衣服有虱子卵一事，这位女教师肯定是尴尬的、难堪的。本是一件丑事，校长却解释说是因女教师工作太忙、太敬业所致，这话既起到为女教师遮丑的作用，又对女教师以后的教学工作有一定的激励作用，可谓一举两得。

在日常与人交往的过程中，每个人都会遇到尴尬和难堪的事情，那么作为在场的我们，可以尽自己的最大能力为难堪者圆个场，帮助难堪者说些他的优点。通过褒扬优点和温暖的话帮助难堪者把"丑"遮起来，这样难堪者或许就不会那么难堪，当然他也会在心底记住我们的好。

我们还可以用善意谎言法给人遮丑。电影《天将雄师》中讲述：汉元帝年间，西域都护府大都护霍安因小人陷害而被罚去雁门关修城。某日，罗马将军卢魁斯护卫着目盲的小王子逃命于此。为了有落脚之地，卢魁斯决心攻取雁门关，与霍安兵戎相见。但是不久，卢魁斯及手下因沙尘暴而放下武器，方被允许进城。但是小王子以为是卢魁斯打败了霍安攻占了雁门关，便问卢魁斯怎么打败中国将军的？卢魁斯羞愧不已，不知道如何作答。

此时，霍安对小王子表示，中国将军的武功比卢魁斯差，不堪一击，所以才败在卢魁斯手下。现在，有中国将军照料，他们有吃不完的粮食。雁门关这块宝地和罗马王室差不多，你们可以安居了。小王子听后十分高兴，并说卢魁斯是个大英雄。而最感动的当然是卢魁斯，因为在小王子面前他还是那么高大威猛，没露一点儿马脚。后来，卢魁斯和霍安化敌为友，并建立了深厚的友谊。

卢魁斯做了霍安的俘虏，不知道该如何对属下和小王子说。当他遭遇尴尬时，霍安以善意的谎言为其遮"丑"，也算是保住了卢魁斯的面子。因此，当别人因"丑"而尴尬，感到无地自容时，我们可以用善意的谎言把别人的"丑"遮起来，让别人少一些窘迫，多一些自如，不再感觉出丑、丢人。这样一来，对方也必定会感激我们的善意，甚至会与我们建立长久的友谊。

黄渤在演讲中讲到了一件往事：有一次，黄渤下飞机刚出站，后面就有狠狠的一巴掌拍在他肩膀上，黄渤转身一看，有点儿眼生，心想这是谁呢？大家一直往外面走，那个人开始滔滔不绝地说："你演的电影我看了很多部，我最喜欢的就是那部，我看了很多遍。"其实，黄渤也不知道他说的是什么。人家还提醒说："就是跟刘德华演的。"黄渤仔细一想，自己哪跟刘德华演过戏啊？人家又提示说："还有李冰冰。"黄渤始终不知这是哪部戏，最后人家报出来了——《天下无贼》。此时已经聊了十多分钟了。黄渤也彻底明白了跟他聊得开心的是"粉丝"。临别，人家还在不停地说我太喜欢你了，合张影吧，签个名吧。黄渤想了想，不要让人尴尬，也不要让自己尴尬，于是签名签下了三个字——王宝强。那人拿着特别高兴地走了。

黄渤被"粉丝"误会成王宝强，不仅没有生气，也没有数落埋怨对方，反而能够顺势而为，将错就错，成人之美，使得大家皆大欢喜。黄渤能够这么做，而且做得如此自然贴心，就在于他有着很好的教养，懂得给别人遮丑的交际之道。别人高兴，自己配合一下也无妨。在日常交际中，我们也要学习一下黄渤，展现出内心的善意与美好，不让别人难堪，实际上也能避免自己难堪。

为人遮丑，不是包庇、纵容，它必须出以善意，有积极的心态，利他而不损人。很多时候，人不小心出了丑，已经很难过了，如果有人见了"丑"便讥笑、责怪，或是无端猜测，势必给人造成心灵伤害。如果我们作为旁观者能够说一些暖心的话语，真诚地为其遮"丑"，不仅能化解众人的嘲讽，赢得当事人的感激，说不定也能在不经意中寻找到一位事业上的好伙伴。

看透不说透，尽量维护别人的自尊

一次去幼儿园，我看到了这样一件值得深思的事情：一个小女孩正在吃巧克力，一个小男孩盯着小女孩，一副垂涎欲滴的样子。小女孩看到了，就大方地把巧克力递了过去，说："给你吃！"但此时小男孩的脸色变得很尴尬，他拒绝道："我不吃巧克力，妈妈说吃甜食会长蛀牙。"其实，小男孩是想吃巧克力的，可小女孩递过来时他又拒绝了，这是为什么呢？因为小男孩觉得自己想吃巧克力的需求被看透了，自己如果吃了小女孩递过来的巧克力会很丢人，因此他才会不好意思吃。

小孩子的世界本来是很单纯的，但是他们也会有这种心理，何况成年人了。每个人都有自身的需求，但有些时候，人们碍于脸面或者怕丢人会不好意思说出自己的需求。那么，如果在谈话的时候，我们能够稳住自己的情绪，根据对方的语言或者表情发现对方的需求，并默默地满足对方的需求，那么对方想必会发自内心地感激我们。

江云和岳晓玲是同事，一次，部门领导想从她们两个人中选一个参加公司总部举行的技能大赛。这是一个在全公司展示自己才华的好机会，于是进公司不到两年的岳晓玲十分想得到这个机会，以赢得大家的认可。而江云已经参加过几次了，并取得了不俗的成绩，她想把这次机会让给岳晓玲，于是主动申请退出。

岳晓玲知道后说："江姐，你不是在主动让我吧？"江云却说："什么让不让的呀，你不知道，参加这个比赛需要投入很大的精力，我最近工作比较忙，再加上家里又有些事情，很难再分心准备比赛了。往年，咱们部门里技术过硬的人少，我不管多忙，只能硬着头皮上，现在你的技术水平上来了，你去，我高兴还来不及呢！"岳晓玲听后不再多想，乐呵呵地去准备比赛了。

就拿这个事例来说，如果江云对岳晓玲说："我已经在技能大赛上得过多次荣誉了，参与不参与对我影响不大。可你的技术水平刚刚显露，需要这样一个平台来赢得人们的认可，作为老员工，我让给你是应该的。"听到这话，岳晓玲虽然也会感激江云，可心里肯定会不舒服。一来谁也不愿意接受别人的施舍；二来因为自己而使别人放弃了表现的机会，自己的心里肯定会有愧疚感。

江云却在谈话中淡化了岳晓玲的需求，从自己的需求谈起，强调如果岳晓玲参加比赛，自己才能全心全意地投入工作。这样的话，岳晓玲自然会高兴地参加比赛了。由此我们明白，谦让是一种品质，可如果我们直白地告诉对方，我们的谦让是为了成全对方，只会令对方尴尬和愧疚。

优秀的人不会输给情绪

曾向法国文物部门捐赠总价值达一亿多欧元的毕加索作品的盖内克，曾与毕加索和毕加索的作品有一段令他难忘的故事。盖内克曾是一名电工，帮毕加索装修过房子，并因此和毕加索成了好朋友。那时的盖内克很勤劳，但依然赚不到多少钱，生活很拮据。盖内克憨厚、坦率，虽然没有文化，但是总会发自真心地与毕加索聊天。而毕加索从与盖内克的聊天中感到了从未有过的快乐。

毕加索为盖内克画了一幅自画像，对他说："朋友，我为你画了一幅画，你把它收藏好，也许将来你会用得着。"但是盖内克不愿意接受，说道："这画我不想要，要不就将你家厨房里的那把大扳手送给我吧，我觉得那扳手对我来说更重要。"毕加索不可思议地说道："朋友，这幅画不知能换回多少把你需要的那种扳手。"于是盖内克将信将疑地收起了那幅画。

后来，毕加索又陆陆续续地送给盖内克许多画，包括他自己视为珍宝的名画。毕加索说："虽然你不懂画，但是你是最应该得到这些画的人。拿去吧，我的朋友，希望有一天它们能改变你的生活。"

后来，四处打工、日子过得非常艰难的盖内克，得知毕加索逝世的消息后，将毕加索赠送给他的二百七十一幅画，全部捐给了法国文物部门。

毕加索想赠予盖内克一些画作，以改善盖内克的生活，如果他说："盖内克，你虽然工作十分辛苦，可所得依然有限，把这些画拿去吧，它们能卖不少钱。你不用感到不好意思，画这些画并不会花费我太多的时间，可对你来说是一大笔财富，作为朋友，帮助你是应该的。"

我们可以试想一下，盖内克听后会是什么感想呢？肯定会觉得自尊心受到了伤害。但睿智的毕加索反而从友情的角度出发，令盖内克接受了那些画作。盖内克由此对毕加索的感情也更真挚了。

日常生活中，被帮助者很多时候就处于"弱者"的位置上，或者自尊心很强，或者自卑怯弱，如果我们再以不可一世的态度对待他们，他们是不会愿意接受帮助的，甚至会对我们产生抵触的心理。因此，当我们想要帮助别人的时候，尽量做到看透不说透，不要以一种居高临下的姿态，而要在维护别人自尊的前提下帮助别人。

多年前，正值壮年的李茂成由于生病，险些丧命，多亏了当时在广州某医院就职的名医袁常浩尽心诊治，并为他垫付住院费才使他保住了性命。多年后，年近八旬的袁常浩突然得了急症，卧病在床，儿女又在国外，无人照料。李茂成得知消息后，立刻动身赶往广州，担负起了照顾袁常浩的重任，以报答袁常浩当年的恩情。

病床上的袁常浩说："虽然我以前帮过你，可现在让你这样照顾我，是我连累你了。"李茂成笑着说："你这是说什么呀，我的孩子都在城里安家了，老伴也去世了，只有我一个人孤零零地在农村生活，平时连个说话的人都没有。现在我来你这儿，吃的、住的条件都比在家要好。而且咱老哥儿俩也能做个伴，没那么孤单了。再说了，说是照顾你，也就是一天给你做三顿饭的事，比我在家时还清闲。我是跑到你这里躲清静来了。"袁常浩听后，心理负担没那么重了，两个人的关系也更融洽了。

如果李茂成说："要是没有你当年的救命之恩，我现在恐怕早就不在人世了，现在为你做什么都是应该的。我再尽心尽力地照顾你，也报不了当年恩情的万分之一啊！"袁常浩老人如果听到这话，肯定会觉得是自己拖累了李茂成，因而心理负担会更重，面对李茂成时也会感到愧疚。但善良的李茂成淡化了袁常浩的需求，转而从自身年老孤独，两个人住在一起可以相互做伴的角度出发，既让袁常浩感受到了自己的情意，同时又减轻了袁常浩的心理负担。

因此，在与人沟通的时候，我们要尽可能地关注别人的需求，考虑别人的心理感受，即使是出于好意帮助别人，也要注意自己的说话方式，真心为对方考虑而不是为了博得好名声而帮助别人。只有这样，别人才愿意接受我们的帮助，并对我们表示真心的感谢。

在伤口上撒盐的话，不可说

在现实生活中，总有一些人喜欢看热闹，喜欢看别人出丑，发现别人陷入窘境、遭遇难堪时，他们不但不过去帮忙，反而火上添油、伤口撒盐，让别人更加难受。要知道这种喜欢幸灾乐祸的人，更让人讨厌。当然，这种人也很难拥有真心的朋友。

作为一起共事的朋友、同事，就算人家确实有错误，对人家心有不满，也不应该在人家身陷困境时再插上一嘴、伤口撒盐。看到别人遇到挫折和困难，如果我们做不到雪中送炭，那至少也不应该说些损人不利己，且还让对方更恼怒的话。要知道，当别人因为某事而受伤的时候，如果有人此时再来伤口撒盐，那不仅会让当事人更难受，而且还会让双方的关系走向危机。

无论任何时候，一个正直的人都不会在别人遇到困难或伤心时，说一些话或做一些事让对方更加痛苦，不能做到雪中送炭，至少也不应做伤口撒盐的事。

现实生活中，那些喜欢在别人的伤口上撒盐的人是自私自利、没有底线的人，终究会被人鄙视的。生活中，当我们看到别人不幸和落难的时候，即使不能说出雪中送炭的话语，也不应该伤口撒盐。想一想，如果某一天我们自己"受伤"了，别人也用冷漠无情的话语随意，在伤口上撒盐，我们会怎样？

与人交流，切记莫要打探他人隐私

　　吕杰去一家公司面试，当面试官谈到待遇时说："咱们公司有非常完备和科学的晋升制度，表现出色的员工很容易就能进入公司的中层。"吕杰对此非常感兴趣，便问面试官："那么，请问你是花了多长时间成为公司中层领导的呢？还有，中层领导的待遇又是怎样的呢？"面试官听了之后，不高兴地说道："不好意思，你的这些问题我不方便回答。"吕杰依然不识趣地说："这有什么不方便的？"面试官听此更加反感，继而面无表情地说："你还有别的问题吗，如果没有，面试就到这里了，请下一位进来。"见此，吕杰只好灰溜溜地离开了。

　　在很多单位，即使是同事之间，收入和待遇也是隐私，需要保密的。吕杰身为一个面试者，竟然向面试官打探这方面的情况，实在是唐突，这也让面试官产生了一种被侵犯的感觉。吕杰面试失败，也就在所难免了。其实，任何时候，与人交流，都要切记莫打探他人的隐私。

优秀的人不会输给情绪

有一对感情深厚的姐妹一直生活在一起，生活中，姐姐一直为一件事而烦恼——妹妹的床底下为什么会有一个紧锁着的箱子？姐姐很想知道那箱子里有什么秘密，藏着什么宝贝，于是千方百计地暗示妹妹，希望妹妹告诉自己箱子里到底有什么。但是，经过一番暗示后，妹妹仍然没有告诉姐姐箱子里的秘密。于是，姐姐就直接命令妹妹，要她把箱子打开来给自己看，但妹妹就是不肯打开。于是姐姐就发挥了她丰富的想象力，设想那箱子中究竟是什么。

这个故事的结局如何，笔者已经记不清了，但那并不重要，重要的是它说明了这样一个事实：人人都有秘密，即使是最亲近的人之间，也有着不想被他人知道的秘密。在现实生活中，人人都有不想被别人知道的事，人人都有权保留自己的秘密。如果一个人千方百计地想把别人的秘密挖掘出来，我们可以说这个人是愚蠢的，其行为更是可怕的。

曾看到一个新闻，某学校的一个男生无意中发现一个女生的文具盒里藏着一张纸条，男生问女生："这是什么，可以给我看看吗？"女生说："不，这是我的秘密。"男生要求了几次，女生都拒绝了。后来，男生趁女生上洗手间的工夫，偷偷地打开了这位女生的文具盒，并偷看了纸条上面的内容。原来这纸条是女生写给班里另一位男生的充满爱慕之情的信。当男生正读得津津有味时，女生进来了。她非常生气，也非常伤心。经过反复思量，她把男生告上了法庭。最终，这位男生对女生进行了赔偿。

生活中，我们经常会看见这样的人，没有经过别人的同意就去翻别人的物品，去窥探别人的秘密，这是侵犯了他人隐私的行为。上面例子中男生的这种偷窥行为，侵犯了别人的隐私，对别人来说是一种伤害。所以，我们一定要记住，不要不经允许就去侵犯别人的隐私，窥探别人的秘密。

对于别人的事情，有些人总是喜欢打破砂锅问到底，别人明明已经表现出很不耐烦的情绪了，他还是无所顾忌地继续追问。这不免会让当事人很不高兴，而且体现出了一个人情商的低下，不会察言观色。如果我们身边有这种人，我们肯定不会与他走得太近，毕竟每个人都希望保留自己的秘密。

有个出版商叫杨格，他签约了情感女作家克里斯丁，克里斯丁善于描写女人受亲情所伤的小说。由于克里斯丁的文章写得很生动，所以颇受读者喜欢。于是读者很想知道克里斯丁的家庭环境到底是怎样的，为何克里斯丁写的故事情节都逃不开为亲情所伤。但是克里斯丁从不接受采访，也不谈及自己的家庭。

当杨格问起她的家庭时，克里斯丁说："对不起，杨格先生，这是我的隐私和秘密，我不希望任何人知道。"杨格却说："不，你必须告诉我，只要你告诉我，我会把你的版税提高一倍，如果你不告诉我，我就不再帮你出书了。"克里斯丁非常生气地说："你这是在威胁我吗？你不能允许我有自己的秘密吗？"但杨格禁不住好奇心，一直威逼利诱克里斯丁讲讲她的家庭。克里斯丁忍无可忍，最终与杨格终止了合作关系。

优秀的人不会输给情绪

在人与人的相处之中，语言交流成为更快更好地联结彼此的一根纽带。我们对别人说的话，做的事，最能反映出我们的为人，没有人愿意与一个总是喜欢打探别人隐私的人相处。毕竟，每个人都有自己的隐私，每个人内心深处都会有那么一个角落，藏了一些小小的、不为人知的秘密，不轻易示人，也不容他人肆意侵犯。

因此，在日常的聊天中，不管我们是有意还是无意，不管我们是有话说还是无话说，我们都不能去打探别人的隐私，不能去偷窥别人的隐私，更不能为了达到自己的目的而强迫别人说出隐私。这不仅是对他人的尊重，更是对自己的尊重。

事大事小都应说清楚，莫因缺乏沟通产生误会

　　张强经营着一家传媒公司，有段日子，公司出现了人浮于事的状况，员工们工作拖拖拉拉。于是，张强想拿一个部门开刀，整顿公司作风。正好，企划部的文案在规定时间的最后一天才交上来，而且存在不少问题，而企划部的经理孙志东又是自己的好兄弟，张强觉得拿他开刀，他应该不会记恨自己的。

　　所以，张强在一次会议上严厉地批评了孙志东："这个文案做半个月了，交上来还有问题，如果你们提前交，有问题大家还可以耐心地去解决、完善，现在时间多紧张啊！孙志东，你必须做出检讨，如果再出现这样的事情，这一年度的奖金就没了，希望大家引以为戒。"

　　其实张强并不是针对孙志东，而是希望通过批评他来震慑其他部门的负责人。张强觉得孙志东和自己关系不错，应该能理解自己的良苦用心。但是孙志东并不了解实情，对于张强的批评也是感到一头雾水，心里还觉得是张强故意找自己的麻烦，因而心

情低落，有了跳槽的念头。

孙志东受了批评就闹情绪，自然不对。可张强是为了震慑他人故意批评孙志东，事后又不向孙志东解释批评的原因，白白地让孙志东在众人面前失了脸面。而孙志东生气也是因为误解了张强对自己的态度，如果张强能在事先跟孙志东说一下，或者批评后采取一些补救措施，让孙志东知道自己依然信任他，批评他只不过是一时的权宜之计，孙志东肯定不会辞职了。

通过上面这个职场中的事例我们应该明白，人不能总是想当然地生活，尤其是在人际交往中，不要想当然，该说的话就要明白地表达出来。即使是事先没有办法说清楚，事后也一定要找机会说清楚，以免造成更大的误会。

范仲淹是因为晏殊的举荐才得以在朝中做官的，可是后来两个人却闹得很不愉快。事情是这样的：某年冬至，太后让仁宗皇帝同百官一起在前殿给她叩头庆寿。范仲淹认为，家礼与国礼不能混淆，损害君主尊严的事应予制止。于是他上奏，反对这一计划。晏殊知道此举必定会为范仲淹带来祸端，毕竟当时是太后把持朝政。

为了保护范仲淹，晏殊劝范仲淹去向太后认错，并收回自己的奏章。范仲淹却不听劝，晏殊生气地说："你如此轻狂，难道不怕连累我吗？是我举荐了你啊！"其实晏殊并不是怕连累自己，这样说是希望范仲淹能想到连累他而去认错。然而，范仲淹认为是晏殊贪生怕死，不敢主持公道，于是心里颇看不起晏殊。

其实，晏殊完全是为了范仲淹着想，希望范仲淹能审时度势，保全自己。但他没有把自己的真实想法和范仲淹沟通，因此也未能获得范仲淹的理解。正因为这件事情，两个人的关系变得冷淡。后来，范仲淹被贬。三年后，太后去世。仁宗皇帝把范仲淹召回京师，范仲淹才和晏殊化解了误会。

晏殊为范仲淹着想，却没有得到范仲淹的理解，是因为他没有把自己的真实想法告诉范仲淹，只是一味地要求范仲淹按照自己的想法去行事。生活中，这样的事情司空见惯。有的人出发点完全是为别人好，可是由于不善于沟通和解释，没有让别人知道自己的真实想法，因而造成了误会和矛盾。其实这种误会和矛盾完全是可以避免的。就像夫妻之间，父母和孩子之间，只要我们彼此能多一点儿沟通和理解，一切问题也都不再是问题了。

张颖是一家报社负责民生新闻版块的主编，她对记者的稿件抓得很严。负责采访民生新闻的记者总共有八位，其中，于鑫和宋子明的稿件发稿最多。每个月，他们两个人的稿件几乎占去了社里发稿的半壁江山。于是，有人就此认为张颖偏袒于鑫和宋子明，认为张颖审稿不公平。对此，张颖并不在乎，她问心无愧，因为她一向是看稿件质量说话的。报社每年都会评优秀主编，而且评比得出的最后三名是要撤职的，所以她自认为不会拿自己的饭碗开玩笑。

对于别人的非议，有人曾提醒张颖要注意一下，必要的时候一定要找机会跟大家解释清楚，但是张颖总是说："无所谓，只要我走得正，行得端，别人说什么我不在乎。"于是，她也不屑于向大家解释，后来误会越来越深。直到有记者陆陆续续向总编申请到别的版块时，张颖才如梦方醒。

有句话是"身正不怕影子斜"，很多人就是本着这个想法，在与人交往中，只顾埋头做好自己的事，不管别人怎么想怎么看。事事想的是问心无愧，别人怎么想都无所谓。但是，这个世界是相互联系的，与别人相处和交往，不能只管自己做好就行了，还是要通过自己的言行，让别人了解自己的用心、理解自己的难处。

日常的沟通中，当别人不理解我们的时候，很可能是因为我们做的事或者说的话有引发别人误会的地方，而我们又未及时地沟通解释，最终造成了误会。所以说，当我们不被别人理解的时候，我们不要去埋怨别人，可以试着反思一下，"我哪里做得不够好？""我该怎么跟别人解释才能赢得他人的理解？"而不是听之任之，放任不管。

多为他人着想，不要急功近利

叶圣陶先生在教育子女时，讲过一个故事：一位父亲让儿子递给他一支笔，儿子随手递过去，不想把笔头交在了父亲手里。父亲就对儿子说："递一样东西给人家，要想着人家接到手方便不方便。你把笔头递过去，人家还要把它倒转过来，倘若没有笔帽，还要弄人家一手墨水。刀剪一类物品更是这样，绝不可以拿刀口刀尖对着人家。"叶圣陶用这个故事来教育子女，他想让子女具备怎样的品质呢？大家可以细细斟酌一下。

李岩是一家网站的记者，主要采写娱乐圈的新闻。他采访的明星很多，就连那些素来不爱接受采访的明星都愿意接受他的专访。我们都知道，很多明星不喜欢被追拍和采访。那么，为什么很多明星都愿意接受李岩的采访呢？

主要是因为李岩无论采访什么样的人，总能以一种非常礼貌的方式赢得被采访者的关注和信任。有时候，尽管他非常想获得某位明星的信息，但是他绝不会像其他记者那样，只要看见明星就紧追不放，生怕错过了什么"爆炸性"的消息。他总是能以一种绅士的风度完成每次的采访。

李岩曾经说过一句让一位明星记忆犹新的话："我很想采访您，但我知道您参加影展活动多，应酬也多，又是长途飞机，现在一定很疲惫，您需要好好休息一下。如果近期您有时间，请给我一个小时，我想对您做个专访。"这位明星曾在聚会中不止一次对自己的朋友说李岩这个人和这句话。因为这个明星从未见过这样为人着想的记者。而李岩的善解人意也为他赢得了更多的机会。从那之后，每当这个明星需要做宣传活动的时候，他都会邀请李岩参加。

为别人着想是一种美德，也是走进别人心灵的捷径。上文中的明星为什么会对记者李岩有如此深的印象呢？主要是因为李岩有为人着想的高贵品质，能够理解明星的辛苦和劳累，没有那种急功近利的思想，而这是他赢得明星信任的关键。这件事告诉我们，凡事不要先考虑自己，而是应该先替别人着想，适当地说一些理解和体谅他人的话，这样才能打动别人，为自己赢得更多机会。

雨果说："最高的圣德便是为旁人着想。"在与人交往的时候，我们一定要时常为别人着想，多说一些理解人和体谅人的话，如此别人才能更加理解我们，也才愿意与我们成为好朋友。

孙芳邀请单位的李副局长做自己的证婚人。她把请柬递给李副局长，并发出自己的邀请："李局长，我邀请您做我的证婚人，在婚礼上要讲几句。"李副局长说："你最好找张局长当证婚人，他是单位的'一把手'，他做证婚人比较合适。"孙芳说："张局长那天有事，不能参加，我也问了郑副局长，他也有事参加不了，李局长您可得给我个面子，不能推脱了。"李副局长听完这句话，脸上出现了尴尬的神情，咳嗽了一声说："你最好让别人做证婚人，因为我现在不能确定那天是否有事。"

李副局长为什么当场拒绝了孙芳的邀请？就在于孙芳的那句话里，透露出来是在张局长和郑副局长参加不了的情况下，才请李副局长做证婚人的，意味着这是无奈的选择。这样充满功利的邀请，根本没有考虑人家的感受，怎能让人看到你的诚意呢？反而还让人觉得你是在拿对方当"备胎"，所以遭到拒绝也就在所难免了。请人办事，要能够站在别人的角度考虑问题，让别人看到你对他的重视，饱含诚意。

如果我们对别人的喜恶、忧愁、烦恼、得失完全不放在心上，漠然视之，那么别人也必将疏远我们。尤其是我们想要寻求帮助的时候，我们更需要用一种真诚的态度打动别人，而不是上来就说些急功近利的话，这样不仅不会获得帮助，还会让人反感。

有一段时间，陈波想投资一个项目，但苦于没有资金。他的老婆莉莉建议说，为什么不试试跟家境不错的朋友刘星借钱呢？于是，他找到刘星，说："刘星，你能借给我五十万吗？我有一个好项目，你也知道的，我只要去做，一定可以赚钱的，保守地算，也能赚三十万。可是，如果没有本钱的话，这个项目就泡汤了。"

刘星想了想，说："不好意思，我暂时也没有钱借给你。"陈波失望地回到家，把这事告诉了莉莉。莉莉说："你这样说，怎么可能借到钱呢？你只强调了自己能赚钱啊，你这样过于急功近利了。我告诉你，你也可以这样跟他说……"陈波于是又找到刘星，说："刘星，钱的事你想想办法啊。那真的是一个不错的项目，你借给我五十万，到时赚到了钱，咱们五五分啊。"刘星一听高兴了，马上说："五十万凑凑应该也不难的，我想想办法吧。但是，你找到这么好的项目，我哪能分一半啊，到时你给我两成吧。"

　　这个事情就这样办成了，是不是很值得我们的思考？

第六章

真诚与欺瞒

真诚是一种心灵的开放。

——［法］弗朗索瓦·德·拉罗什富科

无论高低贵贱，都应平等地与之对话

关于平等地与人沟通这个问题，我的一个同事曾给我说过他遇到的一件事情，他说："那天，我去总编办公室谈点儿个人的想法，我刚坐下，总编的电话就响了。于是，总编就去接电话，我便一个人干坐着。这个电话打了将近二十分钟，我就一直安静地坐着，没有丝毫的焦急和不耐烦。总编打完电话，向我道歉，我反而又客气地说了没关系。

"从总编室出来，我又去人力资源部找张姐谈工作，赶巧，她也说有个电话要打，让我先坐一会儿。起初，我也安静地坐着。可等了三四分钟后，我就坐不住了，站起来对张姐说：'我一会儿再来。'走出张姐的办公室，我心里有些不满，觉得受到了怠慢。

"回到办公室，我坐下来静静地思考着这两件事，突然意识到是自己不对——总编二十分钟的电话我能安静地等，为何张姐三四分钟的电话我就觉得不耐烦，而产生不满呢？这主要是因为总编是领导，而张姐和我同级，细想想还是自己的修养不够啊！

这不禁让我想到日常与他人说话的时候，我是否也有过这种'看人下菜碟'的时候，我真的要好好反思反思了。"

朋友跟我说完这件事情后，我内心着实对他佩服了一番，毕竟一个人难得的是能够自我检讨，自我反省。由此，我也想到，自己以后在与人说话或者沟通的时候，一定要平等地对待每一个人，千万不能因为某人位高权重就阿谀奉承，也千万不能因为某人地位低就颐指气使。

香港知名实业家霍英东曾为孙子办百日宴，宴会上各界嘉宾云集，不是高官就是富商，很是热闹。作为东道主的霍英东迎来送往确实很累，但是累归累，他明白自己必须把每件事情都做好，而这是他一贯的做事风格。

在忙碌之余，霍英东特意请厨师预留两桌和招待宾客一样的菜肴。当时大家以为还有什么重要的人物会晚点儿来赴宴，所以当宴会结束后，大家都还在等着那两桌客人的到来。这时，霍英东把家里的用人招呼到一起，请他们坐下来吃饭。霍英东微笑着对用人们说："今天你们都很累，客人这么多，事情那么杂，但都顺顺利利的，多亏了你们啊！我感谢你们，明天都放假一天，我安排人带大家出去游览。"用人们听了霍英东的话，感动不已。从此，霍英东善待用人的消息不胫而走。后来，越来越多的有志之士跑来追随霍英东。

霍英东对用人们说的话、做的事体现了他的一颗平等待人之心。由此，我们想到，霍英东能取得那么大的成就，必定与他身上所体现的那种优秀的品格有关。一个如此有能力的人也能平等地与身边的人说话，平等地对待身边的人，那么我们这些平凡的人，就更不应该趾高气扬、骄傲狂妄了。

明代有一位著名的医生，晚年时由于身体的原因，很少外出看病。有一天晚上，一位老农敲响了这位医生家的门，原来老农的妻子犯了重病，想请他过去看看。救人如救火，刻不容缓，老医生也顾不上身体的原因和自己的规矩，当即从床上爬起要跟老农走。这时，当地一位官员家属也来求医，说官员也病了。官员的家属拦住老医生说："您跟我们走，为我们大人治病，我们大人一定会报答您的。"老医生生气地说："你是要我不救老农的家人，只救你们大人？我告诉你，我办不到。在我这只有病人，没有贫富贵贱之分。老农先来求医的，我理当先跟他走。"

老医生平等待人，一视同仁，使他赢得了很多人的尊敬。生活中，有一些人对权贵者趋炎附势，而对那些地位卑微的人根本就不放在眼里。其实这是小人的做法，令人不齿。老医生所说的话和对待老农和官员的态度能够一般无二，体现了他平等待人的处世原则，实在令人敬佩。

在延安文艺座谈会召开六十周年之际，中央电视台特意做了一档专题纪录片。记者采访了多位延安文艺家，这其中就有美学大师、雕塑家王朝闻先生。已经九十二岁高龄的王朝闻耐心地接受了采访，知无不言。当采访结束后，记者站在王朝闻坐的沙发后与他合影，没想到老先生拉过旁边一把椅子，一定要记者坐下合影。他说："你站着，我坐着，这不公平。"老先生的话让记者甚是感动。

　　合影是一件微不足道的小事，王朝闻先生却很在意记者是站着还是坐着，要求记者一定要坐着，才显得公平。足见老先生平等待人之心，哪怕是采访自己的晚辈，也不失尊敬。懂得尊敬别人的人，都参悟明了了人生的大智慧。一个人之所以能姿态优雅、举止从容，是因为有足够的自信支撑自己，也有足够的宽容去审视别人。平等待人，就是尊敬他人，这是涵养的体现，也是人格的体现，所散发出来的人格魅力，足以赢得别人的敬重和钦佩。

　　在日常的生活中，我们应该平等地与身边的人沟通，以真诚的态度对待每个人，不因地位和身份的高低就改变说话态度。

做人贵在诚实，莫要花言巧语欺人骗己

有一位富商生了两个儿子，大儿子聪明，小儿子拙笨，富商临终前令两个儿子分别经管两家酒店，并叮嘱："商以德行，德以术胜，经商求术忌无德，切莫以术欺人。"两兄弟各自独立操业一段时间之后，大哥觉得谨遵父命赚不了大钱，灵机一动便在酒中加进了白水。这样一来，哥哥比弟弟多赚了不少钱。弟弟则依然按照父亲的教诲老老实实做生意。时间一长，弟弟的生意反而好了起来。这时，哥哥便怀疑弟弟也在酒里掺了水，于是自己就开始在酒里掺更多的水。结果是哥哥越掺水，酒卖得越不好，最后竟然连一个顾客也没有了。

这时，哥哥便去质问弟弟："我比你聪明百倍，为什么经商却不如你？"弟弟无言以对，旁边有一位顾客碰巧听见了就说："你虽然比你弟弟聪明，但你的德行远远不及他，你在酒里掺水坑客害人，哪有不败之理？"此时，哥哥这才想起父亲的临终嘱托，一脸懊悔，可惜为时晚矣。

拙笨的弟弟经商取得成功，聪明的哥哥却惨遭失败，这其中充分说明了一个道理：巧诈不如拙诚。在现实当中，有一些自以为聪明的人常常做一些奸诈之举，刚开始可能会得到一些好处，但时间一长就会弄巧成拙，搬起石头砸自己的脚。所以，做人千万别总是费尽心机投机取巧，而应该踏踏实实地做好每一件事，诚心诚意地对待每一个人。

平时，我们不要总想着用一些花言巧语来讨好他人，花言巧语可能一时会让人高兴，但是这样的话并不能让人信服，甚至会让人感到讨厌。因此，我们平时与人沟通的时候，最好站在一个公正的立场上以真诚的态度与人说话，这样彼此之间的情谊或许会更长久。

北宋时期，十四岁的晏殊被地方官当作神童推荐给朝廷。晏殊当官后，每日办完公事后总是回到家里闭门读书，而不是像别的官员那样四处宴饮游玩。皇帝了解到这个情况后，十分高兴，不但让他做了太子手下的官员，还称赞他是个勤奋好学之人。朋友跑来恭喜晏殊说："你能得到皇上的夸赞，真是荣光之极啊！"晏殊却说："皇上的夸赞，我受之有愧啊！其实我不是不想去宴饮游乐，只是因为家贫无钱才不去参加。如果我家里有钱，我也是会去参加的。"

朋友说："那你捡了个大便宜了，能得到皇上喜爱，以后少不了加官晋爵啊！"但晏殊说："这是一种欺骗，我不想靠这赢得皇上认可。"于是，他找皇帝说明了实情。皇帝听后，不但没有失望，反而又称赞他既有真才实学，又质朴诚实，是个难得的人才。几年之后，皇上便提拔他当了宰相。

世界上最聪明的人是最老实的人，老实的人才能经得起时间的考验。老实人或许有时行为举止略显愚直拙笨，但不愿去欺瞒别人，反而能赢得别人的尊重和爱戴。与其心怀鬼胎，有目的地表现出某些能够吸引人、迷惑人的假象，不如学学晏殊，诚实为人，表里如一，不弄虚作假。要知道，一个人发自内心深处的真诚，是一种美好的品质，也是一种魅力。

庄子说："真者，精诚之至也。不精不诚，不能动人。"庄子把本真看作精诚之极致，不精不诚，就不能感动人，这就把真诚提高到了一个新的境界。所以说，相比那些想靠小聪明、靠蒙骗取得利益的人而言，王蓉的做法更加能够获得理解。

谢福慕初到大学时，担心自己会因为家境不好而受到室友的排挤，于是他对所有室友谎称自己家里有钱有权。有一次，舍友们聊到大学生就业难的问题时，谢福慕竟然拍着胸脯说："你们大学毕业后不用担心找不到工作，我家社会关系多，将来谁有需要，我叫我父母帮一帮就行了。"

谢福慕说的这一番话当即就赢得了大家的称赞，大家纷纷说他为人仗义。但是，没过多久，大家就渐渐地不再和他交往了。他感到不解，便问自己上铺的同学到底是怎么回事。同学告诉他说："我们都知道了，你父母也都是农民，并没有太多的人脉，可你为什么要骗我们呢？家境不好不可耻，可耻的是欺骗。"谢福慕听后惭愧不已，之后他主动向大家坦诚事实并真诚地道歉，于是大家就原谅了他。

人们常说："路遥知马力，日久见人心。"朋友之间交往，最看重的是真诚。虽然拙诚的人貌似愚拙，但时日一长，其"诚"就越发显现出珍贵，这样的人自然也能赢得别人的信赖和尊敬。

著名哲学家康德曾说："诚实比一切智谋更好，而且它是智谋的基本条件。"鬼把戏被人戳穿之后，便失去了别人对自己的信赖。巧诈之言也许蒙骗得了别人一时，但蒙骗不了一世，终将会露馅儿。因此，在人际交往中，只有以真诚报真诚，心与心相印，情与情相许，方能使情谊长久。

交际中，最忌以小人之心度君子之腹

古代人都是把驴的肝和肺当作不值钱的东西扔掉，所以"驴肝肺"就代指不值钱、不被人在意的东西。而现代人所说的"把好心当成驴肝肺"，就是指对别人的好意不当回事，不领情。在现实生活中，也确实存在很多把别人的善良或者好意当作"驴肝肺"的人。

高二（五）班要办黑板报了，班主任要求班级在一周内完成黑板报的设计工作。于是，苏明杰自告奋勇接下了这个任务。经过反复设计和研究，苏明杰对自己的方案还是不怎么满意，眼看期限就要到了，苏明杰急得团团转。可是第二天，苏明杰一到教室就看到几个同学在议论黑板报，抬头一看，黑板报竟然已经办好了。苏明杰马上想到，这准是李学易干的。

苏明杰本想找李学易算账的，但当时李学易刚好去找老师了。于是，苏明杰对同学们说："他倒聪明，现在一准已经跟老师表过功了。"同学们说："人家毕竟帮了你，你怎么不感谢人家还生气呢？"苏明杰说："谁要他帮，我不稀罕。"

后来苏明杰还去找老师，说："老师，我本来已经完全设计好了，谁知道却被李学易抢了先。"老师惊讶道："李学易刚刚说黑板报是你的创意呢，那到底是谁设计的呢？"苏明杰一听才恍然大悟，原来李学易一直都在暗地里帮助自己，是自己心胸狭窄，误会了他。

看到苏明杰遇到难处，热心的李学易挺身而出帮他做好了黑板报。本来意在表现自己的苏明杰却坚定地认为，对方是为了借机争功才设计黑板报的。当真相大白之际，苏明杰才知道都是自己的错。这件事告诉我们，在日常与人沟通中，我们不能以小人之心度君子之腹，不能在没有任何依据的情况下胡乱猜忌别人，当然更不能用猜疑之言中伤别人。

战国时，申不害为韩国立下大功，被韩昭侯任命为相。接着，申不害向韩昭侯献出了一系列治国策略，韩昭侯一一采纳。随着韩国的强大，申不害与韩昭侯的友谊也在不断加深。应堂兄的请求，申不害想为他在朝廷里谋求一官半职。结果，申不害一开口，却被韩昭侯拒绝了，申不害很失望。他想，自己为韩国做了那么大的贡献，可是，韩昭侯连这个小小的面子也不给，实在是太让人寒心了。

这件事之后，申不害便常常请病假不去上朝。韩昭侯身边的一个臣子问："大王，朝廷里也不差这一官半职，为什么不答应丞相的要求呢？"韩昭侯摇摇头说："他为韩国做了很多贡献，按理说，那个小小的要求我应该答应他。可是，我一想到他教给我的那些用人之道，我就下不了决心。要知道，功劳归功劳，我不能因为这点儿小事坏了他的一世英名啊！"申不害听说后，才明白了韩昭侯的一片苦心，自己也是追悔莫及。

如果韩昭侯答应了申不害的要求，无疑是在昭告天下——申不害只会管别人，不会约束自己，从而遭到天下人的耻笑。在这里，申不害没有理解韩昭侯的良苦用心，反而以不上朝来表达自己的不满，这显然是心胸狭隘的表现。

从这个故事中我们明白，当我们的请求被别人拒绝的时候，我们不要一下子就陷入某种不良的情绪中，口出恶言或者大打出手。我们要静下心来认真分析前因后果，当明白了事情的原委后，再做决定也不迟。

一位女士入住某酒店，要求推迟退房时间，并要求免除因此需加收的房费。大堂经理一眼认出该女士是酒店协议单位的客人，立即按照有关的优惠政策表示了同意。同时，大堂经理留意到客人说"晚上八点的火车，七点就可以退房"，因此关切地询问了客人在哪里坐火车。而且善意地提醒客人说："酒店到火车站的路程是六公里，但是这个时间段容易塞车，请您考虑是否再早点儿出发，以误了火车。"

不料这位女士却误解了大堂经理的好意，恶狠狠地说："你不就想早点儿轰我走吗？误车我愿，你甭管！"面对这样的尴尬，大堂经理顿时哑然，随后才说："那我先帮您订一辆出租车在酒店门口等您，以免耽误您的时间。"听到这里，女士才知道自己误解了大堂经理的好意，为此她尴尬不已。

为了让房客顺利赶上火车，大堂经理关心地提醒她要早点儿动身。这位女士却想当然地以为对方想早点儿把自己赶走。等大堂经理解释完原因后，女士方才知道自己误会了对方，如此一来，怎会不尴尬？

交际中，一旦涉及利益往来的问题时，有人往往会担心别人要占自己的便宜，殊不知，很多时候，别人是真心为自己着想呢。因此，在平时与人沟通交流时，我们一定要有一颗真诚、宽容的心，不能因为别人一句话就生气，或者立刻反驳，出口伤人。

欺骗之言不可说，否则为后果买单的只会是说谎者

李翔认识了一位女孩，想追求她。当女孩问他开什么车时，他随口就答奥迪。李翔欺骗了女孩，但是谎言已经出口，他就要想办法掩饰，不能露馅儿。于是，之后他每次和女孩约会，都必须去租车，而租车的费用对他来说是个不小的负担。钱不富裕的时候，他就算是借钱也得租车，生怕谎言被戳穿。最后没钱了，他就去抢劫，终于在第三次抢劫时落入了法网。这个时候，女孩才知道他一直在欺骗自己。后来女孩跟朋友说："经过一段时间的接触，我发现他身上有不少优点，如果他能早一点儿跟我说实话，我可以原谅他，他也不至于走到这一步。"不知道听了女孩这番话，李翔会有什么样的感触。

真相总有水落石出的那一天，精心编造的谎言不可能长久，骗得了一时，骗不了一世。对于欺骗者来说，谎言说得越多，付出的代价就会越大。今天说了谎话，欺骗了别人，就要想办法掩饰，去做一些错事，这样欺骗的链条就会越来越长，犯下的错误

就会越来越多。

王树公司的一个项目交给了风盛公司去做设计，由王树负责联系。风盛公司的设计方案按期交了过来，王树才发现自己给对方的技术参数是错的。犯了这样低级的错误，王树怕领导责怪他，就对风盛公司的人说："我们公司最近的技术参数有些变动，你们再修改一下吧！"领导问他："到期了为什么设计方案还没过来？"他说："我都催他们好几次了，他们还没弄完！"

最后，风盛公司的方案送来了，非常好。可在结算费用时，领导说："他们拖期，我们不能全额付款。"王树又对风盛公司的人说："你们的设计方案，根本不合格，我们还得找别人修改，所以不能全额付款！"最终，王树公司的产品发布了，风盛公司发现自己设计的作品根本就没改动，于是，一纸诉状将王树的公司告上了法庭。此时，事情的真相败露，王树不得不离开公司，同行业的其他公司也不敢再录用他了。

王树犯了错误，如果及时跟领导解释，哪怕受责罚，后果也不会太严重。可他为了免一时的责罚，却多次撒谎，最终真相败露，他所承受的损失也是十分巨大的。所以说，有的时候，谎言确实能帮我们解决眼前的一些问题，但这无法从根本上解决问题，而是将现有的问题掩藏了起来，这无异于饮鸩止渴。

谎言可以骗别人一时，却无法骗别人一世。行骗者大多没有好下场。说谎者一开始可能只是为了一个小的错误而说谎，或者为了获取小的利益才说谎。可是一旦谎言出口，他就不得不说下

优秀的人不会输给情绪

一个谎言来圆前面说的谎言，以致谎言越说越大，被戳穿的风险便越大。这就像吹气球，总有一天会吹破的。当谎言破灭的时候，人就会被炸得遍体鳞伤。我们经常说："手莫伸，伸手必被抓！"对于欺骗者，我们也想说："谎莫说，说谎必被伤！"

在电影《人再囧途之泰囧》中，公司高管徐朗和高博为争夺"油霸"的经营权，决定前往泰国获取前董事长的授权。徐朗在飞机上结识了老实的王宝，决定与王宝结伴同行，因为徐朗发现高博在跟踪自己，所以想利用王宝作掩护。于是，徐朗一直欺骗王宝，说自己只想帮助王宝完成心愿。王宝发现高博后，徐朗为了圆谎又说自己是因为和高博的妻子有婚外情，所以……

于是，谎言一个接着一个，王宝却相信了他。后来，在被高博追踪的路上，王宝终于发现了事实真相。王宝生气地和徐朗大吵了一架，并说他是骗子，自己一直把他当成好朋友，他却这样骗自己，他让自己好伤心。他要是跟自己说实话，自己早就可以帮他了。因为谎言，两个人的友谊差点儿毁掉，徐朗悔恨不已，泪流满面，一个劲儿地给王宝赔不是。

有这么一句话：不要去欺骗别人，因为你能骗到的人都是相信你的人。是的，生活当中，你真正能欺骗的一般是身边的亲人、朋友。欺骗一旦开始，就会像洪水泛滥一样，一发不可收拾。正如伊索所说："说谎话的人所能得到的，就只是即使说了真话也没有人相信。"与人交往，如果你一开始就想用欺骗来赢得别人的信任，那就可能导致一骗再骗，对别人的伤害也会越来越深，人际关系的裂痕也会越来越大。

　　伊格莱西亚斯在十五岁那年，拥有了一次和西班牙前首相合影的机会。之后他发现，凡是见过这张合影的人都会对他另眼相看。这张合影为他带来的好处超出了他的想象。尝到了甜头后，伊格莱西亚斯开始利用一切机会和名人合影，然后谎称自己和名人的关系多么亲近。

　　很快，他便成了政商两界的新宠，无数商人出钱请他帮忙，很多政府官员将他敬为上宾。后来，他甚至吹嘘自己是普京密友，可以联系上奥巴马，只要那些商人们肯出钱，他就能搞定一切。

　　一次，他又大摇大摆地去参加美国大使馆的酒会，酒会的安保人员十分认真，开始核实他的身份，结果一查，发现他所有的身份都是假的。此时刚刚二十岁的伊格莱西亚斯因此被抓，而他诈骗、伪造政府文件和冒充政府官员等罪名——被查出，等待他的将是无尽的牢狱之灾。

　　欺骗就像一个魔鬼，它总是会先给你一点儿甜头，让你一步步坠入欺骗的深渊。而靠欺骗经营起来的一切，就像一个美丽的肥皂泡，看似华丽，但任何一点儿风吹草动都能使之破裂。一旦肥皂泡破裂，欺骗者将坠入无底的深渊。所以，每个人都应防微杜渐，诚实待人，从一开始就不要存骗人的心思，只有这样才能避免自己的沉沦。

　　在平时与人沟通时，如果我们使用欺骗手段对待别人的话，我们是不会受人欢迎的。就算一开始不得已为之，那也不能一错再错，应该及时纠正，主动坦白。否则，当我们欺骗的次数越来越多的时候，后果也会越来越严重，而这最终必将使我们后悔莫及。

说话做事厚道的人，更能赢得他人的尊重

　　珊珊公司有一个同事外派出国做交流，途中接到老客户的电话，对方需要再次设计广告进行投放，成交额颇大，可同事正在国外，不方便交流。于是，便将单子移交给珊珊对接。一个月后，同事回国，珊珊却跟同事说："对接的客户进度已经完成了，尾款月底到账，我和领导说过了，这单业绩挂你名下。"同事很是吃惊，虽然是老客户，但做广告策划这行业，方案要反反复复进行修改，能完全跟完单并不是一件容易的事，没想到对方一点儿功劳都不沾。其他同事得知这事，都说珊珊傻，毕竟这笔单子的提成数额颇大。可珊珊却觉得，老客户找的是同事，虽然移交给自己对接，但单子本质还是属于同事，同事之间帮忙也是正常的。因为这事，珊珊受到领导器重，此后步步高升。

　　其实，这就是厚道之人和不厚道之人做事的区别。厚道的人，拥有一种超越常人的胸怀，其实，好多时候，他们处理问题短期内看似吃了亏，最后反而获得更多。不厚道的人待人接物，短期

内可能得到了一点点的好处，其实却丧失了人品，最后会失去很多东西。这就是我们一定要做一个厚道之人的关键所在。厚道，是一种重要的品格，是立身之本，处世之道，待人之策。

顺丰公司在深圳上市一事引发社会关注，顺丰总裁王卫也成了舆论的焦点。一直以来，王卫的创业故事为大家津津乐道，他极具魅力的交际智慧也被大家交口称赞。

初时，王卫在香港打工，经常往返于深圳和香港两地。不少朋友会托他从香港将包裹免费运到深圳指定的人手中，回来时也将一些信件带到香港。久而久之，托王卫送包裹的人越来越多，王卫都是无偿效劳。有一好友就替他不值，说："你帮朋友没半点儿酬劳，不觉得亏？"王卫笑笑说："都是顺便的事，不打紧。朋友们高兴，我也就高兴。"好友听后，甚为感动。后来，那些朋友也不好意思每次免费，要么请他小吃一顿，要么塞一个小红包。后来，王卫想，既然每次托他送货的人那么多，市场需求这么大，为什么不成立一家小公司，专门做运送业务呢？于是他就筹了十万元开了顺丰快运。那些朋友知道后马上表示："以后运送包裹的业务，就全交给你。"于是，顺丰就这样启航了。

王卫是个热心肠，无怨无悔地帮助别人，实在令人敬佩。他用自己的厚道及聪明智慧为自己找寻了一条创业之路。在别人需要帮助时，主动给予无私的帮助。如果我们能把它贯穿在自己的生活中，作为为人处世的一种准则。那么，我们会发现，帮助别人就是成就自己。

1993 年，二十三岁的王卫开了公司后，招了几个员工，自己当老板。有一天，有几个急件需要半夜里送出。王卫说："最远的那个由我来送吧，你们太累了。"有一位员工说："怎么说你也是个老板，而且你每天做的事比我们都多，这些事让我们干就行了。"王卫说："在我的观念里，没有什么老板和员工的区别，只有相同的信念和愿望，就是让公司变得更好。现在干活这么辛苦，我怎么可以袖手旁观呢？"王卫没有架子，平等待人，让大家意识到这是个可以依靠的老板。所以，很多有志之士加入了公司的队伍中，顺丰从五个人的迷你团队，迅速扩大到几十、几百、几千、几万、几十万人的大团队。

二十年来，王卫每天工作十四个小时，还定期到一线收发快递，跟下属打成一片。在王卫眼里，自己和普通员工没有什么区别，他不但从来不摆架子，还把员工视为好朋友。如此厚待员工的人，谁不愿意追随呢？可以说，顺丰会吸引大批人才，王卫的个人魅力起到了很大作用。

汉光武帝一统天下后，召见官声甚好的刘昆。当时，坊间流传着两个传说：其一，刘昆在江陵做县令时，县内发生火灾，无法扑灭，这时，刘昆向大火跪地磕头，结果火灭了。其二，刘昆升任弘农太守后不久，弘农境内的老虎们竟然背上自己的幼崽渡河而去，古人认为这是祥瑞。因此，时人说他——诚格天地，仁及禽兽。甫一见面，光武帝就急不可耐地问道："你到底做了什么，让火灭、虎渡河这样的奇迹发生？"这是一个吹牛皮或者拍马屁的绝佳机会，结果刘昆慢慢地回答了三个字："偶然耳。"表明那些只是凑巧的偶然事件罢了，和他没什么关系。刘秀听后，不但没有失望，反而赞赏道："这真是长者之言啊！"

刘昆的坦诚，就是因为厚道。厚道之人，并非懦弱；厚道之人，并非无能；厚道之人，更不是愚蠢，而是有着常人所不能及的真诚坦率。厚道，是人的一种优秀品质。厚道的人，都是实在人，更容易得到别人的信任，也更容易得到别人的尊敬和爱戴。上善若水，厚德载物。厚道，会为你赢得尊重和认可，以及意想不到的收获。厚道之人，必有厚报，必有后福。

因此，在日常生活中，我们每一个人与他人沟通交往的时候，一定要厚道说话，厚道处世，真诚地为别人着想，真诚地帮助他人，如此才能收获长久的友谊，并培养出高尚的人格魅力。当我们能够厚道地待人处世的时候，我们的事业也会取得长足的发展。

真正有孝心之人才能说真心话，做真心事

　　十一假期回老家，正赶上秋收。父亲年近七十了，还每天往地里跑，辛苦地收割庄稼。我一见他干活就忍不住说道："跟您说多少遍了，别种地了，就是不听。您这么大岁数了，还天天干这个，万一累病了可怎么办啊？"父亲总是笑呵呵地说："没事，都是机器收割，我就负责拉回家。"我说："那么重的东西，拉回家也累啊！"我妈在旁边看不下去了，说道："你要真心疼你爸，倒是帮着干啊！就长一张嘴，你回来好几天了，去过地里一趟吗？"我听后脸上火辣辣的，赶紧上前帮父亲一起干活。

　　这件事让我很愧疚，细想想，生活中我可没少做这种"嘴上的孝子"。父母总是一件旧衣服穿好多年，我总说："你们穿点儿好的！"但是既没给他们买过，也没主动给过他们钱；母亲总是腰疼，我说："给您买台按摩仪！"但是说过就忘，到现在母亲腰疼还要靠父亲给按一按……我们在嘴上，总是希望父母能吃好的、穿好的，少干点儿活，但是在行动上却什么也不做。那些好吃的、

好衣服会自己从天上掉下来吗？那些需要干的活，我们不动手，不还是得等着父母去干？

孝顺不是简单的两个字，而是心贴心、心暖心。古人说："贤贤易色，事父母，能竭其力。"简单来说，就是对父母要竭尽所能地付出自己的孝心。同事老宋就是我们单位出了名的孝子，这个外表看起来很"糙"的大男人，照顾父母却异常细心。

平时，老宋和妻儿会经常回家看望父母，每次回家之前，老宋总要做一件事，那就是嘱咐妻儿要笑呵呵地面对家人，不能让父母看到他们的艰辛，更不能提一个苦字。因为他不想让年迈的父母为自己担心。

有一次回家，父母换了新房子，为了方便父母的生活起居，孝顺的老宋特意抽出几天时间给父母布置房间。细心的老宋把随手灯、电视等都安在父母习惯的位置，甚至连父母每天吃的药都细心地分好，放到父母随手就能拿到的地方。其细心程度，让很多人敬佩不已。

孝敬父母，贵在细心。很多人以为，孝顺父母就是给父母提供好的物质生活就行了，儿女在生活细节中体现出的对父母的关爱，会让他们更欣慰。山珍海味，比不了你亲手为父母做的几道他们爱吃的家常小菜；给他们钱财物质，不如有空常回家看看。父母要的并不多，有时候就是希望孩子能够多陪陪自己，与自己说说话，谈谈心。

佟大为常年在外拍戏，无法陪伴在妈妈身边。但是无论工作多忙多累，他每天都有一个习惯，就是给妈妈打个电话报平安，和妈妈聊聊天。妈妈的年纪大了，聊的也都是一些家长里短的小事。但佟大为从来没有嫌弃过妈妈的唠叨，还总是很耐心地跟妈妈聊生活中的各种琐碎之事。

在接受媒体采访时，佟大为还曾引用曾国藩写给家人的信中说的"堂上各老人须一一分叙，以烦琐为贵"来表明说话越细，事越细，越能了解到父母的情况。而且逢年过节，佟大为总会尽量从工作地点赶回家，哪怕只能在家待上几个小时，哪怕只是陪妈妈吃上一顿饭，陪妈妈唠唠嗑也行。其实，不论父母多大年纪，都需要做儿女的耐心对待，尤其是父母年老之后，更需要儿女付出百倍耐心。佟大为正是这样做的。

陈小春是香港人公认的孝子。陈小春的母亲多年前不幸罹患肝癌，为了挽救母亲的性命，他想尽一切办法，为寻药走遍了各大城市。无论中医、西医，无论大医院、小诊所，陈小春都尽可能地去打听，他自己说失败千万次都心甘情愿。

为了照顾母亲，陈小春不惜放弃工作，专心陪伴在母亲身旁。虽然他自己因为休息不够，变得十分消瘦；虽然坐吃山空搞得经济拮据，被迫卖掉新房，搬回祖屋居住；虽然很多人劝陈小春应该先放下母亲，好好工作赚钱，但陈小春从来没有退缩，依然全心全意照顾着母亲。最终，陈小春的母亲于2005年1月病逝，但医院称比预计的病逝时间延后了六年，这一切都得益于陈小春对母亲悉心的照料。

　　还有一位香港影星汤镇宗，早年凭《外来妹》红遍了大江南北。那时，很多朋友建议他去北京拍戏，因为去北京拍戏有很大的发展前景。但他并不愿意，理由很简单，他说北京离家太远，不能很好地照顾患糖尿病的母亲。他说，没有什么比亲情更重要，戏可以以后再拍，但孝顺要及时，不然就会后悔的。之后的日子里，汤镇宗一直在广州、深圳拍戏，因为这样可以每天回到香港，陪在母亲身边，照顾母亲的生活起居。他担心母亲打不好针，就亲自给母亲打针。久而久之，原本对医学一窍不通的他，还因为研究了无数糖尿病医学而成了一名"良医"。

　　我们都说自己孝顺父母，我们都说自己是孝顺的子女，但是怎样才算真正的孝顺呢？真正的孝顺不是一次两次善待父母，不是一时半刻善待父母；真正的孝顺不是短期的投资，而是长期毫无保留地付出和努力；真正的孝顺，不仅仅是保证物质的充裕，而且是应该给予父母应有的关心和陪伴，用话语和行动温暖父母。

　　当我们每一个人都能用细心、耐心、恒心与父母沟通、关心父母的时候，我们也会受人尊敬，在各种人际关系中也会更加受欢迎。一个有孝心的人是一个有担当、有责任感的人，这样的人在任何地方都更能受到人们的推崇，说的话也更能让人信服，也更能够获得公众的认可。

第七章

宽容与苛求

宽容就像天上的细雨滋润着大地，它赐福于宽容的人，也赐福于被宽容的人。

——［英］威廉·莎士比亚

不要仗着有理就口下不留情

　　泰山不辞抔土，方能成其高；江河不择细流，方能成其大。宽容是壁立千仞的泰山，是容纳百川的江河湖海。而这也是明朝兵部尚书袁可立题写自勉联"受益惟谦，有容乃大"的真意。这告诉我们，与别人交往，原谅对方的错误才能使友情历久弥新。就算别人做了对不起我们的事，损害到了我们的利益，但只要不是故意的，我们也一定要宽容对待，用一颗宽容的心原谅别人。当我们以一颗宽容的心宽容一切的时候，我们才能以君子之风范立于人世，才能以博爱之胸怀接纳万物。

　　就像我们经常说的那样，当我们越用力想要握住沙子的时候，它流得越快；当我们太在乎一件事情的时候，它对我们的伤害就越大。所以，我们不妨宽容一点儿，放下对别人的怨愤，也算是放过自己，千万不要做得理不饶人的人。

　　在《神雕侠侣》中，郭芙一直对杨过心怀成见。小时候，她处处欺负侮辱杨过；长大后，她又赌气砍断了杨过的胳膊；后来，她还害得杨过与小龙女经历了生生死死，悲惨不已。对于这样一位仇人，估计很多人是恨之入骨。

然而，当郭芙的丈夫耶律齐身陷敌军时，郭芙不得已只好请求刚归来的杨过帮忙。大家以为杨过会借机报复一下郭芙，但杨过竟然不计前嫌，真的去帮她救出了耶律齐。事后，郭芙满是愧疚地说："杨大哥，我一生对不住你，但你大仁大义，以德报怨，如今，还救了我丈夫。我真是不知道说什么好……"杨过笑着说："郭师妹，算了，其实以往我也有诸多不是之处……"

以一颗宽容的心对待伤害自己的人，也必定会获得世人的敬仰。对于郭芙一而再，再而三的伤害，杨过完全有理由恨她，就算不理会她的求助，不去救她丈夫，也是无可厚非的。但是，杨过不计前嫌，以德报怨，最终冒着生命危险救出了她的丈夫。杨过的宽广胸襟，令人赞叹。他成为一代大侠，可谓实至名归。

立志成大事者必定要先做到宰相肚里能撑船，不可因一点儿委屈就发火、泄私愤，与人生怨。生活中，人人都会在不经意间受到他人的伤害，如果我们一受到伤害就与人斤斤计较，得理不饶人，那么就会影响人际交往。如果我们能宽容处世，原谅别人的错误，有时候，对方不仅能自己发现错误，而且还会被我们的做法感动，从而更加愿意与我们做朋友。而且日后当我们有困难时，他们还会倾尽全力帮助我们。

清朝初年，江苏常州有一位医术高明的魏医生。有一次，魏医生到一个危重病人家看病。谁知道，病人的儿子竟然诬陷他偷了十两银子。魏医生没有辩解，反而痛快地承担下来，并拿出十两银子送给病人的儿子。由于这件事，人们对魏医生的非议之声传遍大街小巷，大家都说他有医术没医德。然而魏医生毫不在意，任流言蜚语到处疯传。

半月后，病人痊愈，就清理打扫一下长久卧病的床铺，结果在床下发现了原以为丢失的银子。病人的儿子良心发现，跪在魏医生面前道歉。魏医生将他扶了起来，并未怪罪他。他不解地问："为什么您没拿银子，却承认拿了，甘愿忍辱挨骂呢？"魏医生笑着说道："你父亲与我是乡亲邻里，我素来知道他勤俭惜财。他正在病中，听说丢了十两银子，病情一定会加重，甚至会一病不起。因此，我宁愿受点儿委屈，背上污名，使你父亲心安，病自然会好起来！"

尽管魏医生蒙受冤屈、遭人辱骂，但他没有责怪病人的儿子，其医德之高、精神之美令人赞叹。民族英雄林则徐说："海纳百川，有容乃大；壁立千仞，无欲则刚。"宽容是一种博大的胸怀，是极高的涵养。宽容是一种充满智慧的处世之道。吃亏是福，误解、谩骂、忘恩负义，都不必去计较。因为宽容他人就是宽容自己，不计较、不纠结才能让我们拥有更多的时间和精力去追寻自己想要的东西。一个人如果真能如此，那么他已经在思想境界上胜人一筹了。

宽容是人际交往中的橄榄枝，让人与人之间变得和谐友好；宽容是为人处世的基石，可以让人的美德升华；宽容是人性中灿烂的星光，可以照亮人的灵魂，让人性熠熠生辉！

看不惯他人，也应尽量给予宽容

在与人交往时，每个人都要具有宽容精神，有容人之量，宽厚之德。美国南北战争初期，北方军队被南方军队打得溃不成军。再三考量之下，林肯总统决定更换将领，这时他想到了爱喝酒的格兰特将军。尽管林肯知道格兰特爱喝酒，但这丝毫不妨碍他任命格兰特做将军。

当林肯决定任命格兰特为将军的时候，有人开始在私下说格兰特的坏话，大意是格兰特嗜酒贪杯，容易误事，无法担任总司令一职。但是后来林肯还是坚持要用格兰特，还说："我看到的是他有军事才能，至于嗜酒的短处，我也知晓，但不能因为这一点就否定他。"

林肯并不是不知道格兰特酗酒的事情，但他更知道在北军将领中，只有格兰特能够运筹帷幄，决胜千里。而后来的战争进程更证明了林肯的决策是正确的，格兰特带领北方军队扭转了战局，取得了最终的胜利。

优秀的人不会输给情绪

容人之短，就是宽容他人的缺点和不足。人都有缺点，如果我们只抓着别人的缺点不放，总是用言语以偏概全，否定、诋毁别人，那么我们很可能就会失去一个朋友或者一次机会。做人一定要知道，无论任何时候，即使我们非常讨厌一个人，我们也不应该随便用言语贬低他人。

我们每个人都应该有容人之心，善于包容别人不同的观点和主张，这样不仅能减少对立，搞好人际关系，还能让自己变得越来越优秀。

余承东自从进入华为管理层之后，作风高调，常常出言不逊，惹出不少风波。再加上他负责的项目屡屡受挫，拖了整个公司的后腿，给公司带来了很大的损失。

因此，集团内部反对余承东的声音一浪高过一浪，然而华为老总任正非鼎力支持余承东，他甚至在会议上批评一些人说："不要总盯着别人的失误和失败，不要逼我做出开除余承东的决定。我对自己的批判远比我自己的决定要多。我们都该先批评自己。"

如果没有任正非的力挺和包容，余承东可能早就离开华为了，而华为的手机业务现在估计仍在泥淖中挣扎。从任正非说的那一段话中，我们足以看出任正非的为人。身为管理者，任正非对他人、对自己的清晰认识使他具有了非凡的人格魅力。而他所持有的对人对事的正确态度，正是他取得如今不俗成绩的关键。

蔡元培在担任北大校长期间，不少思想迥异、主张不同的人，他都能包容。比如辜鸿铭，他上课时竟然带一童仆为他装烟、倒茶。学生有时候焦急地等他上课，他还悠哉游哉地品茶呢。有人找蔡元培告状，蔡元培说："辜鸿铭是学贯中西、通晓多种外国语言的难得的人才，他上课时展现的陋习不好，但这并不会给他的教学工作带来实质性的伤害。所以，他生活中的这些习惯我们应该宽容不计较。"正是因为蔡元培的包容，才有了北大当时的百家争鸣、灿若星海局面的出现。

《一代宗师》里有一段台词："人这一生，要见众生，见天地，见自己。见了众生，明白了众生相，所以宽容；见了天地，体会了伟大和渺小，所以谦卑；见了自己，感受到本我和真我，所以豁达。"一个真正成熟的人，懂得包容和理解别人的过失。

容人之失，就是要敢于宽容别人的失误和失败。任何人都会犯错，也都有自己的特点，我们不能因为别人与自己不同、做错了什么事情就直接否定别人或者在背后说别人的坏话。人都应该有容忍心，有包容心，当我们真的能做到这些的时候，我们也将会拥有更多的朋友，而我们的人生之路也会越走越宽。

聪明的人，懂得不与人争对错

一个弟子对师父说，他觉得贪、嗔、痴中，"嗔"字他最难克服，那么自己该如何处理愤怒的情绪呢？师父问弟子："如果你是一个长途跋涉的旅人，在途中遇到一只疯狗莫名其妙地对你狂吠，你是绕过它继续走还是会趴下来也对它狂吠？"

相信大家都会明白，前者才是理性的选择。然而在日常生活中，我们通常选择的是后者。我们不但对它"狂吠"，甚至企图"咬它一口"，看它厉害还是我们厉害，其实这是很不明智的选择。由此我们也会想到，真正聪明的人不会因为别人的错误而与之长久地争吵。他们知道，这种无谓的争吵伤害的不仅是对方还有自己，而且这种没有意义的争吵消耗的是双方的能量。

我的朋友闫五中曾给我讲过一个故事：陈强的一个重要客户，被李佳挖走。陈强当着办公室所有人的面谴责李佳，两个人发生了冲突。经理把两个人都批评了一通。陈强觉得委屈，工作也不积极了，整日想着怎样和李佳斗。最终自己连续两个月业绩在部门垫底。陈强提出辞职。经理说："你当初雄心万丈，说做业务员要做最好的业务员，将来做业务主管，也要做最好的主管。志气不小，可是这点儿小事你就受不了啦，能成大事吗？想成为大树，你就不能与草争，你和草争地上那一点儿空间，都是你的又怎样？天空那么宽广，你怎么不去争？"陈强这才幡然醒悟，把心思都用在了钻研业务上，一年后就做了业务主管。

正如这位经理所讲，欲为大树，莫与草争。与草争的只是狭小的空间，而更宽广的天空才是大树应该向往的地方。

大学一毕业，冯朝亮就进了一家医院做医生。前些日子，他根据自己近几年的临床经验写了一篇学术论文，由于怕自己的见识偏颇，就拿着论文去请教院长。院长看后，觉得很有价值，竟然将论文的作者名改成了自己的名字，并发表在一本医学期刊上。冯朝亮知道此事后，当即找院长理论。可院长凭着自己的资历和地位，说冯朝亮名气不足，不足以引起社会的关注，而且会白白浪费了这么一篇好论文。

院长说的一切都是借口，冯朝亮感觉自己被欺侮了，非常气愤。但是针对这件事情，他并没有长久地与院长展开争论，因为在他心中，他已然明白院长的为人——那是个无耻的、自私自利的、滥用职权的人。

身为师长却做出这种龌龊之事，冯朝亮觉得自己根本没必要与这种人争论。而朋友们一再劝他据理力争，不要放纵院长的所作所为，但此时冯朝亮已经释然了，他不是怕院长，只是不屑再与这种人打交道了。而半年后，纸包不住火，院长的可耻行径最终败露。

在生活中，我们每天都要与各种各样的人打交道，这其中难免会有委屈。面对这些委屈，有的人选择一笑置之，有的人却处心积虑地伺机报复，觉得这样才痛快。殊不知，报复他人，消耗的是自己。这也让我们明白，一个真正聪明的人是不屑与人争长短的，争论只会降低自己的档次，把自己拉到与无理者一个层面。

张昀是营销部部长，手底下有个员工叫田豪。田豪在营销部工作好几年了，许多和他一起进公司的人早就当上了各个部门的主管，只有他还是"原地踏步"。最近，刚好田豪所在部门的主管离职，职位出现了空缺，他就想趁这个机会让领导给他升职。田豪向张昀表明了自己的想法，并且依仗着自己是元老级的员工就说："要是这次你还不给我升职，我只好辞职了！"

张昀听了这番话，感觉自己的威信受到了侵犯，顿时火冒三丈，但又害怕田豪真的辞职跳槽，那么就可能把公司的几个大客户带走，所以只好强压怒火满足了田豪的要求。不过这之后，张昀处处为难田豪，对他的工作吹毛求疵，只要他在工作中出现一点儿差错就在部门例会上狠狠地批评，让田豪抬不起头来，而且还让别的员工渐渐接管了他手上的大客户。不久，这事传到了总经理耳中，总经理感觉张昀气量狭小，不能容人，不适合做领导，于是对他进行了降职处理。

领导统管全局，难免遇到下属这样那样的诉求。面对下属的不合理诉求，身为领导不应该只是想着证明到底谁对谁错或者与下属争吵，而是应该给予下属合理的解释。当然，更不能利用职权伺机打击报复，要知道，心胸狭小并不是一个合格的领导者应有的素质。

那么在日常的交往中，不管我们是领导还是员工，我们都应该明白，明理之人，我们不用过多解释；不明理之人，我们即便争吵也是无济于事。我们每个人都希望拥有和谐的人际关系，而这就需要我们既要不卑不亢，又要息事宁人。只有如此，我们才能在纷繁复杂的人际关系中，以良好的心态和行为征服所有人。

面对伤害，也要学着说感激的话

现实生活中有鲜花，也有荆棘，混迹其中难免受到伤害。常言说"吃一堑，长一智"，每一次伤害都可能是机遇，都能让我们成长，因此我们对伤害自己的人也要有感激之心。

1980 年，李友和同学合伙买了一辆二手重型卡车，轮班跑砂石料运输。没过多长时间，李友发现，同学经常拉黑活不报账。一次，同学揽到邻县一批建筑渣土，要运一个多月，但必须夜间干活。于是同学就佯装汽车要大修，白天把车停在汽修厂，夜里开出去干活，背着李友赚了不少钱。

后来，李友知道了这件事情，碍于同学之间多年的情谊没有当面揭穿，但是随即李友便找了个理由与同学散伙了。两个人散伙后，李友便接受了教训，自己创建房地产公司，再也不和亲戚、朋友、同学等拉感情了。因为有了创业前同学欺骗的经历，李友虽然嘴上没有抱怨，但是心里渐渐明白，做事一定要契约化，纵使亲兄弟也要明算账，白纸黑字，涉及利益的事情必须说清楚。

现在，李友在房地产界已经有了自己的一席之地。每当谈到创业中经历的事情，李友总是会委婉地说出当年的那一段经历，并由衷地表示感谢，如若不是那位同学对自己的所作所为，可能自己现在还没有成长起来，自然也不会有今天的地位了。

丁源当上了他们杂志社的新媒体主编，但他的同事孙秉权也看上了这个位置，总想把丁源拉下台。一天，孙秉权向领导举报，说丁源偷偷地利用新媒体私下接广告。丁源被查了半个多月，但最终也没有查出任何问题。这时领导才知道是孙秉权在背后诬陷丁源，于是就要处理孙秉权。

但是，丁源对领导说："孙秉权办了傻事，但他也是想为公司办事的，现在他已经后悔了，就不要处分他了。他举报我，我就当'吾日三省吾身''有则改之，无则加勉'。"后来，这话传到了孙秉权的耳朵里，孙秉权感到非常惭愧。于是，不再跟丁源争职位了。

从此，丁源仍然和孙秉权做同事，并时刻警醒自己，不贪污、不受贿。后来，丁源领导下的新媒体风生水起，之后每每提到孙秉权，丁源都说他是大贵人，对自己的影响仅次于领导。

由此我们可以想到，在日常与人交往中，面对别人无意或者有意的伤害，我们可以试着去原谅，去感谢。因为从另一个方面来说，别人的言语或者行为正是一面镜子或者一根警棍，能让我们从中看到自己的不足并时刻警醒着我们，让我们得以改正，并因此取得更大的进步。

优秀的人不会输给情绪

当年，张亮报考模特，高中同学吴某也到场了。吴某一米八七的个头，长得还很帅气，而且他非常想当模特。但是这次模特招聘只招一人，吴某感到压力很大，便向考官诋毁张亮，说张亮几乎没有得到过专业的训练，走台步手心全是汗，腿打哆嗦，手抽筋。

吴某不顾全道德给张亮减印象分，为自己增加机会。没想到，张亮却以一分的优势被录取，当了专业模特，成为第一个走上米兰国际时装周的中国人。第二年公司又招男模，应聘者如云，但考官都看不上眼，张亮就向领导推荐吴某，说他训练刻苦，天资好，有台缘。

几天后，吴某被录用，他俩真的成了同事。此时，吴某想起当初诋毁张亮的事情，内心十分羞愧。但张亮觉得，他还要感谢吴某，是吴某让他知道了自己的不足之处，从而才能在不足之处下苦功夫，进而不断修正自己。

当我们受到别人的批评或者指责的时候，我们不要太在意我们有多难堪。我们应该想一想，因为这些批评或者指责，我们学到了什么、明白了什么，并思考这批评或者指责对我们的成长有何种益处。我们应该对斥责我们的人表示感谢，毕竟良药苦口利于病。

帮你是情分，莫要道德绑架

小朱最近遇到一件特别郁闷的事，他有个朋友因操作失误把电脑 E 盘里的文件全给删除了。朋友知道小朱会修电脑，于是就来找小朱帮忙，并问："中午下班前能恢复过来吗？里面有个文件，总经理下午上班就要看。"小朱说："应该差不多，下载一个软件，很快就能恢复。"

可谁知，那天他们公司的网络不知道出了什么状况，平时只需二十分钟就能下载的软件，一直到中午快下班了才下载完成。为了不耽误朋友的事，小朱中午饭都没吃，一直帮朋友恢复文件。但是还是没有及时地把文件恢复出来，朋友也因此受到了批评。朋友很生气地对小朱说："你干活要能快点儿，我就不会挨批了！"

小朱听到这话后，既委屈又生气，他是出于好心帮忙的，而且自己也尽了力的，没有帮上忙自己已经很不好意思了，还被朋友抱怨。而因为这件事，之后很长一段时间，小朱和这个朋友之间的关系都不融洽。

有一句话："事不成，不责人。"我们求人帮忙，人家肯尽心尽力地帮忙，这就说明人家心里对我们是有情意的。即使事情办不成，我们也应该感激人家的付出，而不应去责怪人家。我们应该明白，别人帮我们是情谊，而不是义务，不能帮上忙，我们不能去责怪别人，否则就是道德绑架。

周大刚是一家大企业的机械工程师，他有个亲戚开了个小加工厂，机器设备上有什么问题都是找周大刚帮忙。一次，亲戚买了一台二手设备，但这设备不太适合自己生产的需求，想改装一下，于是就请周大刚帮忙设计改装图纸。

周大刚一看觉得比较为难，就说："这个有点儿困难，要不你去找个专业人士吧，毕竟我对这种设备了解很少。"亲戚心想，找专业的人还得花钱，就说："你是研究数控产品的，这个是最原始的那种机器，对你来说还不是小菜一碟？"

亲戚非让做，周大刚只得硬着头皮答应下来。最后，周大刚熬了好几个晚上设计出了图纸，亲戚按照图纸改装，但是改装后的机器竟然还没有改装前好用。于是，亲戚不高兴了，说："不会改你别答应啊，浪费时间不说，光改装费花了我好几千元，改回来又得几千元，这不是害我吗？"周大刚听了这些话，很心寒，碍于亲戚之间的关系没有说什么，要知道当初可是亲戚主动求他改装的啊！

人的能力有高低，谁也不能保证自己办的每一件事都能百分百成功。尤其是当我们主动求人办事，而别人做的又没有达到我们的要求时，我们不能埋怨别人。首先，我们要知道，是自己主动求人帮忙的；其次，我们应该明白，别人帮助我们是因为情谊，而不是义务。一旦事情没有办成，无论我们内心有多少不快，我们都不能把怨气撒向朋友，更不能随意说一些伤人心的话，即使关系再亲密也不行。否则很可能就因为这一件小事，彼此之间的感情就没有了。

余尧有个朋友想向他借三万元开店，他爽快地答应了，并说："我有一笔定期存款，下个月到期，等到期了我就取出来给你。"可谁知，这时候余尧的母亲生病住院了，需要一大笔手术费。于是，余尧只能把答应给朋友的那笔钱拿出来给母亲治病。

等到朋友向余尧借钱的时候，余尧因为把钱给母亲付医药费了，所以没钱借给朋友了。他因为失信于朋友而非常愧疚。而朋友当时表示理解余尧，但事后跟别人抱怨余尧不讲信用，说好的帮自己的，到头来也没有帮。这话传到了余尧的耳朵里后，余尧表示很无奈，也很气愤。

黄春生自己开工厂，他的工厂面临困境，如果再没有订单就可能倒闭。他的外甥孙宇航是一家大公司的高管，这家公司正好有一批订单要向外招标。黄春生去找孙宇航，希望他帮自己拿到订单，但是孙宇航拒绝了。有人对黄春生说："你从小就疼外甥，你就跟他说，不帮你，以后就别认这个舅舅了，他肯定会帮你的！"黄春生说："他是我亲外甥，如果我们符合要求，他肯定会帮我们；现在他拒绝了，就说明我们达不到人家公司的要求，我再强求他，不是让他为难吗？"孙宇航听了黄春生的话，非常感动。虽然按规定他不能把自己公司的订单给舅舅，但是他在行业内四处打听，帮助黄春生联系了别的业务，让黄春生的工厂渡过了难关！

如果黄春生用亲情去绑架外甥，逼着他帮自己，那就会将外甥陷入左右为难的境地。我们与对方是亲人，就更应该关心对方，多为对方考虑。即使我们真的遇到了困难，需要帮助，也应该考虑亲人的现实境况。如果用亲情绑架对方，明知对方为难，还非逼着对方做，这不是让亲人陷入困窘境地吗？作为血脉至亲，你怎么会忍心做这样的事呢？

通过上面这些事情，我们应该明白，身处社会，谁都会遇到有求于人的时候，谁都有能力有限或者遇到突发情况的时候，聪明的人不会因为别人无法为自己提供帮助就不高兴，甚至恶言相向。谁都不能勉强别人做一些事情，要知道，别人帮自己是情谊，不是义务，千万不要用言语进行道德绑架。

伪善之话不可说，伪善之人不可做

　　有过十几年汽修经验的兰建军开了一家"小拇指"汽车维修店，专门修补车身表面的擦剐痕迹。经常修车的人都知道，车子在正规的汽修厂补漆，要两三天才能干透，而兰建军的维修店采用特殊工艺，补上的漆两个多小时就能干透，而且质量很好，很受有车一族的欢迎。老同学吴利见兰建军的店有"钱图"，就私下托人报道，说兰建军的修车店好，引来报纸、电视台一通报道。因为这事，兰建军的修车店生意一下就火起来了。

　　两个月后，吴利却找上门来，说自己最近要买房，但是首付差十万元，希望兰建军能借自己点儿钱。兰建军一听借钱就傻眼了，他告诉吴利现在自己的流动资金特别紧张，根本没有钱借给他。

　　吴利听后差点儿气晕，生气地说："你这叫什么朋友啊？我当初帮忙跑媒体，'小拇指'才能这么火的。现在我想借点儿钱用，你却说没有，真是没良心！"兰建军终于明白了吴利话中的意思，

优秀的人不会输给情绪

生气地说："原来你是想向我借钱，才帮我的啊……"

在朋友之间的交往中，我们千万不要功利心太重，说一些或者做一些算计人的事情，尤其是朋友之间、亲人之间更应该坦诚一点儿。就像上文中的吴利，如果是我们的朋友，我们也会生气和讨厌。毕竟吴利做的事情就是在设计"一个坑"，只等着兰建军跳进去。

赵书芹在桥东大酒店库房干了八年，一直也没怎么加过薪，而且大领导几乎都不认识她。去年，酒店的丁总换了一辆宝马车，常放在库房旁边的背阴处。一天早上，早早来上班的赵书芹见宝马车脏兮兮的，便接上水管给冲了一遍，然后又用毛巾擦干。丁总知道这件事后，一下子就记住了赵书芹，而且对赵书芹表示了感谢。

经过这次洗车事件后，赵书芹一下子开窍了，只要丁总把车停在库房旁边，她就会主动去清洗，比专业洗车的还精心。时间久了，丁总跟赵书芹说话出奇地热情。后来库房部主管跳槽走了，赵书芹觉得自己平时总是给丁总洗车，丁总应该送自己个人情，让自己顶这个空缺的。哪知道，丁总并没有提拔赵书芹，而是选了别的员工顶了这个职位。

知道了这件事后，赵书芹很不高兴，感觉自己浪费了好多时间和精力。随后赵书芹逢人便说丁总没有人情味，自己帮他免费洗了那么多次车，连一个机会都不给。

其实，像赵书芹这样的人是既可悲又可恨的。而我们生活中也不乏这样的人，他们以为别人好的名义，说一些好听的话，做一些帮助人的事情，其实都是有一定的目的的。而一旦某个时刻自己的目的没有达到，就会心怀怨恨。其实这种人就是伪善的人，也是令人讨厌的人。

所以说，一个人不管做什么事情，说什么话，都必须以正义和公德心为标准，不做伪善的人，不做伪善的事，时刻注意自己的言行举止。如此，我们才能在人际交往中拥有真正的朋友，拥有一段健康的、长久的友谊。

第八章

随和与任性

　　不论你是一个男子还是一个女人，待人温和宽大才配得上人的名称。一个人的真正英勇果断，绝不等于用拳头制止别人发言。

——［波斯］萨迪

说话不极端，应留有回旋的余地

俗话说："话不要说死，路不要走绝。"现实生活中，任何事物都是不断发展变化的，因此我们与人交谈，千万不可把话说得过满、过于绝对，否则就会使自己尴尬，使他人不快，双方关系也就没有了回旋的余地。

姚明刚刚进入美国职业篮球联赛时，在美国电视台的综艺节目《巴克利脱口秀》中，主持人肯尼·史密斯在说到火箭队的时候说了一句"姚明还有潜力"，巴克利一听就急了，说："姚明整个职业生涯，只要有一场球能达到十九分，我就亲你肯尼·史密斯的屁股！"后来，姚明打了二十分，巴克利却想抵赖。肯尼·史密斯说："咱们可打了赌了，姚明只要得到十九分，你就得亲我屁股。姚明现在得了二十分，你赶紧来吧！"这时候，就听蹄声响起，一名工作人员从后台牵上了一头小毛驴来。史密斯说："看见没有，这是我从亚特兰大农场花五百美金租来的。你不是不亲我吗？没关系，亲它吧。"原来，在美式英语的俚语里，ass 除了屁股的意思之外，还有驴的意思。眼见得那小驴子没回头，巴克利便在驴的臀部轻轻亲了一小口。

我们必须明白，纵使当时有把握的事情，我们也不能把话说得太绝对。要知道，一切都处在发展变化中，我们无法预知未来会出现什么样的状况，所以我们不要做绝对的保证，以免误人误事，甚至自取其辱。

王子河常在胡小伟主编的《晴雨论坛》上发表文章。有一天，两个人交流稿件时，胡小伟突然说起他儿子中考"烤煳了"，差几分进不了重点高中，很是伤脑筋。因此，他很希望王子河能托关系，帮忙让儿子进入重点高中。

王子河想，为了多发稿，自己倒是可以帮一下胡小伟，便什么都没想就说："没问题，不就是上重点高中吗，我找人跟教育局说一声，小菜一碟。您把孩子的信息发到我手机上，就等着上学吧！"王子河这么一说，胡小伟还真觉得找对人了，便隔桌击掌——一言为定！哪知道，王子河找人一说，当场就被回绝了——不招择校生是市政府下的红头文件。王子河当即傻眼了，不知道该怎么跟胡小伟交代。

王子河为多发稿子，把话说得太满了，以致被人回绝后自己无法跟胡小伟交代。现实生活中，我们自己做不来，或是根本不能做成的事情，就不应该轻易答应别人。否则，当我们无法完成某件事情的时候，我们丢失的不仅是面子更是个人的信誉。因此，我们答应别人的要求时，切忌把话说得太满，要留有一定的回旋余地。

抗日战争期间，张连仲在陈正湘司令员手下当连长，其发小褚建伟是七营的一个班长。1940 年 10 月的破袭战中，褚建伟因表现英勇，其事迹上了报纸。陈正湘看了这篇通讯，就想提拔褚建伟当连长，干部会上征求意见，张连仲不了解情况便抢先发言说："褚建伟当连长，带熊包软蛋还可以。我们是一个村的又是一起当的兵，这小子没胆儿，第一次和日本人交火就尿了裤子；群众纪律差，借老乡的东西总是不知道还，去年还让人告到团部；而且他是文盲，文化教员说他大字不识一个。让他当连长，我坚决反对。"

听了张连仲的话后，陈正湘把一份写有褚建伟英勇事迹的报纸递给张连仲。张连仲看了那篇褚建伟带领战士们扒铁路、夜袭日军炮楼的通讯，恍然大悟，赶忙表示收回自己的发言，向陈正湘司令员做了检讨。但是，他说话咄咄逼人，以及在背后说别人坏话、完全否定他人的说话风格，已经深深地印在了陈正湘司令员的脑海里。此后，陈正湘司令员对张连仲的印象也就不太好了。

从这个事件中我们能够明白，张连仲评价褚建伟的话确实过于极端。在评价褚建伟时，张连仲接连用了"尿了裤子""群众纪律差""文盲"等贬义词来否定褚建伟，可谓把褚建伟各方面素质都说得极差，似乎朽木不可雕。我们仔细想想，哪个人没有缺点，哪个人没有优点，我们评价一个人的时候千万不要走极端，片面地强调一个人的优点或者缺点，而是要以全面的、发展的眼光看待他人。

　　在日常与人交往中，我们会与形形色色的人打交道，那么我们就必须以温和的态度、以全面的眼光看待每个人，不能以偏概全走极端，把话说绝。我们必须明白，社会是发展中的社会，人是发展中的人，必须以发展的眼光看待一切。而身为领导更应该如此，只有这样才能看准人才，看到发展机遇，才能走向成功。

好好的话，别拧着说

"拧着说"是指说话不与对方合拍，而是向相反的方向"拧劲"。这种说话方式，追求的是被动中反客为主，意在挫伤和削弱对方。事实上，拧着劲和人说话不仅会影响双方的感情，而且对于达到目的也没有任何益处。

吴永军化工厂工作时，切实有效地整顿了工作中的纪律，使工厂生产形势有所好转。这时候，吴永军发现一名叫贾岭的中层干部经常迟到，于是就把他叫到办公室，关切地问："贾科长，这个月刚过一半你就迟到三次了，是因为对这份工作有看法还是因为家里有事情分心了？"

听到这话，贾岭丝毫没有不好意思，反而向吴永军抱怨起来："还说呢，您看我多倒霉，第一次迟到，是司机加油耽误时间了，唉，这个司机啊，车没油了也不早点儿加；第二次迟到，是我到厂里后上了趟厕所，误了考勤；第三次迟到才更冤枉呢，走到半路上遇到了工业局高局长，顺便聊几句厂里的事就迟到了。制度严是好事，我知道自己不应该迟到。可那么多中层干部，您怎么只看到我一个人啊，这一点您可没一碗水端平。"

吴永军本来只是想向贾岭了解一下情况，顺便提醒一下贾岭不要总是迟到，谁知道贾岭竟然强词夺理，还向自己抱怨起来。于是吴永军瞬间脾气就上来了，说："我只是问一下迟到的原因，你反倒向我抱怨起来了，难道我把大家都训斥一顿才是一碗水端平吗？身为领导你应该以身作则，而不是一出问题就找借口。"

贾岭一听吴永军好像生气了，而自己确实做得不对，于是脸色红一阵白一阵的，好不尴尬。其实有时候，不管面对何种话语，我们都应该以端正的态度去面对，千万不要像拧麻花一样拧着去说。尤其是面对批评话语的时候，我们应该摆好姿态，该承认错误就承认错误，不要为了掩饰缺点而说一些不合时宜的话。这样不仅不能为自己掩饰错误，还会给人留下无理搅三分的不好印象。

20 世纪 80 年代，马胜利成了国内闻名的"马承包"。几年之后，市场疲软，企业效益下滑，他便决定统一运作资本成立马胜利纸业集团。在马胜利纸业集团正式成立前的一个晚上，马胜利对媳妇晓红说："集团成立当天，我一定要请市长来给我捧场。"

媳妇晓红本来就对马胜利成立纸业集团有意见，当丈夫马胜利说这话的时候，她马上就讽刺地说："你以为自己是谁呀，市长是可以随便请的吗？看看你前几年把企业搞成什么样子了？亏得一塌糊涂。你能不能安稳、成熟些，踏踏实实地干点儿实业，别老想着自己要做多大，再这么折腾下去，这个家迟早被你败光。"

优秀的人不会输给情绪

其实，马胜利想创业、办集团，可能是因为市场不景气，所以在创业的道路上屡屡受挫。或许身为媳妇的晓红也有自己的委屈，但是临近集团成立的节骨眼儿上，她还在用这种方式说这种扫兴的话，怎能不令人生气？她可以用一些温婉的话语给自己的丈夫提建议，而不是挖苦打击。

孙德学刚念完硕士研究生，参加了某公司的校园招聘。公司的人事经理在看过孙德学的简历后，十分欣赏他，邀请他去自己下榻的酒店来面试。怎想，由于路上堵车，孙德学竟然迟到了十分钟。面试时，面试官便说："你迟到了。"孙德学自知迟到理亏，但是又不想因为这个被面试官抓着小辫子而失去了面试的主动性，于是争辩道："迟到固然不好，但是我迟到是有原因的，全世界的人都知道这里交通状况有多糟，我今天就是因为在来的路上堵车了，所以才迟到的。"面试官则问道："全世界的人都知道这里交通拥堵，自然你也不例外了。既然如此，你为什么不事先预留出堵车所需要的时间，提早一点儿出门呢？"孙德学立即回应道："面试的地点在城东，我住在城西。这么远的距离，加上堵车，难道迟到一点儿，不是情有可原的吗？"面试官听完，很是不满。

一般来说，面试迟到，虽然会给面试官留下不好的印象，但也并不等于说求职就没有了机会。相对于孙德学的一番争辩，面试官肯定更愿意听到他的真诚道歉。但孙德学却不是好好地解释，反而为此争辩，幻想用"强势口才"征服面试官，此举收到的效果，显然是相反的。

所以，在平时，我们说什么话、做什么事情都应该看形势，就算所说的话语，不能立刻起到作用，也不要唱反调，尤其是在特殊关头。而且要做到好话好说，如果是否定的或者批评的话语更应该好好说，千万别拧着说，否则不仅无法让别人接受你的意见，还会影响彼此的关系。

与人为善最好，嫉妒他人之言不要说

嫉妒是一副慢性毒药。如果嫉妒长时间在一个人身上存留，会影响这个人的心理健康。这种心理得不到及时疏导，外化为不良行为，那就不光是心理健康的问题了。所以，我们要对这种心理多加调适，切莫让它肆意膨胀，给我们的人生和事业造成损失。

李忠和李成是一对堂兄弟，哥哥李忠在县政府当公务员。李成也在城里打工，收入还算不错。近几年，李忠升了职，出入县委大院牛哄哄的，让李成特别嫉妒。李忠每年都要请家里的兄弟聚会，李成却说是在显摆他有钱有权有能耐。几次春节聚会，李成都推说老板不让歇工，愣没参加，就是不赏脸。一次，李忠买房交首付，给李成打电话，说要借钱，李成说："哥，你当那么大官还管我们小老百姓借钱呀？拿我们穷人开什么心啊？我现在可没钱，我也想盖房子呢。"听了李成的回话，郁闷得李忠差点儿把电话砸了。

李成其实真的是盖房子。他最忌恨李忠在外边得了一份，家里还占着那么大一块宅基地。这次翻盖房，李成就占了他二尺多。有人给李成提醒，你的地方不够宽，要扩，也该先跟哥哥说一声，征得同意。李成说："他那样的，在外边早捞足了，跟他废什么话？他出去了，要地方也没用，先占了再说。"不出所料，李忠知道这件事后，两口子全回来了，非要李成拆房不可，还把李成告上法庭。一场官司下来，俩人谁也不搭理谁了。

李忠有个好工作，日子过得舒坦，弟弟李成便心生嫉妒，如果它能使弟弟见贤思齐，迎头赶上，也不是坏事。可李成的嫉妒太过头：李忠组织聚会他不"赏脸"，李忠买房子借钱他甩"松话"，对李忠进行刺激。更过分的是，他根本没把哥哥放在眼里，盖房占了哥哥的宅基地还振振有词，罔顾亲情，遭人反目也是自己找的。亲人之间，本该团结互助，共同前进，可嫉妒心有时却让人互相怨恨、敌视、同室操戈。发现自己滋生嫉妒便该及早刹车调适，把它圈拢到最低限度，直至删除。如果让它作祟，伤及他人，再想悔改就为时太晚了。

喜欢嫉妒的人，看到的全是近距离的"威胁"。职场嫉妒同事，可能断送前程；交往嫉妒朋友，或许失去友情；同室嫉妒手足，使人输掉亲情。明白了嫉妒的后果，我们就该有意识地在交往中抑制它、消灭它，断不能让它贻害自己的美好人生。

陈君和张俪从小学开始就是好朋友，上了初中后，她们两个人又都住校，但没有在一个寝室。后来，张俪发现陈君跟李娟越来越亲近，心里就有点儿不舒服了。有一天，张俪约陈君周末去图书馆看书，但陈君说已经答应陪李娟看电影了。张俪听后，马上很不高兴地说："你为什么不跟我去而选择跟李娟看电影，你平时不是最喜欢看书的吗？"

陈君有点儿为难地说："李娟说很想看这部电影，想找个人陪她看，我就答应她了。那要不咱们三个人一起去看吧！"张俪有点儿吃醋地说："我们两个人才是最好的朋友，你跟李娟才认识多久啊！而且看电影多浪费时间啊！还不如用来多看点儿书呢，你小心被她带坏了。"陈君听了张俪的话后，说："我知道我们俩是最好的朋友，但是李娟的为人也挺好的，我希望我们三个人都能成为好朋友。"

张俪觉得陈君是自己最好的朋友，那她就不应该再跟李娟那么亲近。这样的思想是错误的、不健康的，未来也会阻碍她人际关系的正常发展。从张俪对陈君说的那番话中，我们可以感觉到张俪其实是有一点儿嫉妒的心理的，因此才会说出一番诋毁的话。这种嫉妒的心理是人际交往中的一大禁忌，我们必须杜绝。

早年，杨丽和王悦的关系不是很好，两个人都公开批评过对方。作为两个人共同好友的陈辰一直想撮合两个人坐下来好好聊聊，解决两个人之间的矛盾。当时有人劝陈辰说："现在杨丽和你是好朋友，可是如果杨丽和王悦成了好朋友，那她们两个人到时候忘记了你，你岂不是得不偿失？"

但是陈辰说："我倒是希望杨丽和王悦能成为好朋友，毕竟杨丽比较内向，不太爱与人交往，如果她能够多交几个朋友也是挺好的。再说，她们两个人之间也有点儿小矛盾，如果能借此机会化解矛盾成为朋友，那自然是再好不过了，所以我很支持杨丽和王悦成为好朋友。"

最终，在陈辰的精心安排之下，杨丽和王悦化敌为友，成了很好的朋友。当然，她们两个人谁也没有冷落陈辰，而且都非常感谢陈辰的牵线搭桥。

这只是年轻人之间的一次普通的交往事例，我们可以看出一个人的修养。作为杨丽和王悦两个人的共同好友，陈辰没有因为她们两个人之间有矛盾就借机挑拨离间，说一些伤人的话，而是主动撮合两个人化解矛盾，结为朋友，这真是很难得的。

陈辰无疑是一个聪明而有智慧的人，而她的交际方式也是正确的，心理也是健康而积极的，值得我们去学习。

我们应该时刻注意自己的言行，不说嫉妒人的话，不做嫉妒人的事情，友好地对待身边的每一个人。当我们能够用心真诚地对待身边的每一个人的时候，我们就会得到回报。

平时多说善言、做善事，遇事才会有人帮

有句话叫"上轿才扎耳朵眼儿"，说的是古代的姑娘在结婚的时候都要戴耳环，而大多数姑娘是小时候就把耳朵眼儿扎好了，而有些姑娘平时比较懒惰，等到临上花轿了才想起来扎耳朵眼儿，也就是有临时抱佛脚的意思。

这让我们想到了人与人之间的日常交往，有些人平时对他人永远都是一副趾高气扬的样子，像一只骄傲的猫；有些人甚至会对比自己地位低的人采取打压的态度。但是一旦他们遇到了困难，他们又会摆出另一种姿态，奴颜婢膝、阿谀奉承，以求获得别人的帮助。对待这种人，我们心里肯定是不愿意帮助的，也是排斥与其交往的。

刘志兴曾在一家公司工作，其老同学陈明在做水果生意，而且生意做得挺大的。刘志兴的儿子大学毕业了，于是找到老同学陈明，希望能让自己的儿子到他的水果店做个兼职，顺便学学怎么做生意。刘志兴满怀信心地去找陈明，因为觉得两个人是多年

的同学，陈明肯定会帮自己的。

陈明当面说得很好，同意刘志兴的儿子来店里兼职，让刘志兴先回家等消息。刘志兴回家后，满怀期待地等着陈明打电话，但是他左等右等一直也没有等到陈明的电话。后来刘志兴实在等不及了，便打电话给陈明，陈明却表示担心他的儿子刚毕业干不了这些累活，所以就只好招别人了。刘志兴对此很生气，但一肚子的怒火也只能憋在心里。

过了几年，陈明的儿子也大学毕业了，还进了刘志兴所在的公司，成了他的下属。而此时的陈明为了自己儿子的事业也主动找到了刘志兴，希望刘志兴能多多照顾自己的儿子。刘志兴当时就把前两年求陈明办事时自己受到的委屈说了出来，听到老同学的抱怨，陈明也是十分尴尬，后悔不已。

刘志兴求陈明帮忙的时候，陈明表面同意，私底下却没有照顾。后来，当陈明需要帮助的时候，又厚着脸皮来求刘志兴，这样的做法实在让人不敢恭维。

所以说，平时与人交往，就要真诚厚道，能帮人时尽量帮人，切不可"上轿才扎耳朵眼儿"，更不能平常不理别人的求助，自己有求于别人时才想到别人。我们要在平时尽量多帮助他人，才能在自己需要帮助的时候有人帮。

赵凯和孙中磊是大学校友，两个人在学校时关系很好。在孙中磊创业之初，已经有所成就的赵凯给他提供了很大的帮助，孙中磊资金周转不开，只要开口，赵凯总会慷慨解囊相助。平时孙中磊总说，没有赵凯就没有他的今天。然而，当赵凯因经营失误，公司破产后，孙中磊便疏远了赵凯。赵凯想东山再起，找到孙中磊，向他借五万块钱。孙中磊一开始总是能拖一天是一天，反正就是不肯借钱。后来干脆找另一位大学校友表达了自己的意思："我可不敢借钱给他，我这钱要是借出去了，万一他不能东山再起，还不上我的钱，那我不就亏大了，谁知道他啥时候能还上这五万块啊？"赵凯从校友那里知道了孙中磊的意思之后，就再也没有找他借钱了。

可是风水轮流转，人无一世穷，几年后，赵凯东山再起，公司做得红红火火的。而孙中磊的公司反而因为出现资金链断裂，需要一笔资金周转，他想了一圈，也找不到合适的人来帮他。这时候，他突然又想到了赵凯——也是因为这几年来，赵凯帮助了很多创业有困难的大学校友。因此，他特意买了好烟好酒来找赵凯。但赵凯谢绝了面谈，以后也和他不再有往来，因为在赵凯心里，孙中磊并不是值得交往的朋友。

孙中磊需要帮助时，赵凯热心相助。而赵凯落魄，向孙中磊求助时，他却百般推脱，袖手旁观，赵凯怎能不觉得心寒？后来孙中磊的公司出现资金困难了，竟然还想去求人家，真是让人不齿。别人需要帮助时，你袖手旁观，不肯帮忙；你需要帮助时，又临时抱佛脚，舔着脸皮去求别人。可是，别人不会寒心吗？还会选择帮你吗？

从上面的故事中我们应该明白，我们平时多说善言、做善事是在为自己的未来打基础，对自己也是有益无害的。

话不能任着性子说，事不能由着性子做

作家刘小畅曾讲过一则故事：在一个例会上，负责人李伟连着发了两次火。第一次是因为李伟对财务数据存有疑问，当场直接发火，并且质疑财务经理的专业性。第二次是在李伟部门汇报完项目后，领导提议要进一步了解客户，所以项目没有审批通过。李伟当场催促领导，但领导还是没签字，这让李伟再一次发怒，直接把合同摔在了会议桌上，摔门而去。那次之后，同事越来越不喜欢与李伟共事，领导也对他不满意。渐渐地，李伟负责的项目越来越小，受到的重视也越来越少。原本大好的前途，因为控制不住自己的情绪，最终毁于自己的任性。

人际交往，难免有不如意的时候，也难免有受委屈的时候，这时候，如果不能进行有效的自我调解，话任着性子说，事由着性子做，不仅起不到排解积郁的作用，还会败坏人际环境，把自己置于更为难堪的人际环境中。

灌夫，是汉代一位著名的将领。在战场上，他勇猛无比，曾勇闯敌阵杀敌众多，身受十多处重伤依然主动请缨；在生活中，他为人刚强直爽，不畏权势，敢跟皇亲国戚叫板，对于弱势群体，又能平等相待。

但就是这样一位人人敬重的大好人，也有自身的弱点，那就是莽撞、爱较真，不懂得顾及别人的感受。正因如此，他被政治对手田蚡抓住了小辫子，并最终落得一个悲惨的下场。

灌夫和田蚡虽是政治对手，但同朝为官表面上大家还是客客气气的。有一天，灌夫来丞相府找田蚡喝酒，并说应该去另一位老朋友家里喝酒叙旧。田蚡答应了第二天就去。可是第二天，灌夫到了朋友家却发现田蚡根本没来。于是他怒气冲冲地去找田蚡，却发现田蚡正在睡觉。他生气地叫醒田蚡，批评田蚡不守信约。田蚡只好说，昨晚喝多了酒忘记了这回事，实在不好意思。

之后，田蚡就跟着灌夫去朋友家了。路上，田蚡走得慢了一点儿，灌夫就怒目圆睁，催个不停。后来到了朋友家喝酒，灌夫还是不依不饶。当时，朋友就看出了灌夫和田蚡之间肯定有矛盾。朋友还一再从中劝说不让灌夫再说了，但是灌夫不听，还是顺着自己的脾气、由着自己的性子抱怨个不停。当时田蚡装作没有什么事情，一直还是赔着笑脸，但是可想而知，田蚡心里肯定是不舒服的。

从这件事情，我们可以看出灌夫确实有点儿任性了。田蚡忘记约定是他的不对，但是田蚡已经觉得不好意思了，还主动陪着灌夫去赴约了。可灌夫得理不饶人，由着脾气、顺着性子开始抱怨个不停，实在是不对。生活中，谁都不喜欢听抱怨的话，尤其是当别人知道错了的时候，更是不希望对方喋喋不休地抱怨。所以说，无论遇到什么事情，我们再生气也不能由着性子批评人、指责人，一定要做到适可而止。

田蚡娶燕王的女儿做夫人，太后下了诏令，叫列侯和皇族都去祝贺。酒喝到差不多时，灌夫起身依次敬酒，可是很多人正在交谈中，都没有把灌夫的敬酒当回事。这下可惹火了灌夫，他当时就大闹宴会，把一众官员骂得狗血淋头，甚至对田蚡也口出狂言。

灌夫在自己大婚的日子里大闹，田蚡肯定非常生气，于是生气地说："这是我宠惯灌夫的过错。"然后，便命令手下逮捕灌夫，有官员起身圆场让灌夫道歉。谁知道，灌夫不肯道歉，于是官员就按着灌夫的脖子，灌夫火了，反而怒骂田蚡。田蚡指挥手下把灌夫捆绑起来放在客房中，接着示意众人弹劾灌夫，说他在宴席上辱骂宾客，侮辱诏令，犯了"不敬"之罪。最终，灌夫就这样被杀了头。

纵观灌夫的悲惨结局，都是他莽撞的性格所致。生活中，有些人总是由着性子说话办事，尤其是年轻人，一生气就甩脸子、说狠话，完全不顾及他人的感受，不顾及后果。说得好听是初生牛犊不怕虎，说得不好听是不知天高地厚。而在生活中，我们很少会做一些大的伤害他人的事情，也就是那些平时任性的话、难听的话会得罪人。因此，我们必须警惕自己口中说出的话语，控制自己的脾气，莫让不谨慎误了自己的一生。

有一个关于林肯的陆军部长斯坦顿的故事，就很好地告诉我们，急性子的人应该怎么做。

一天，斯坦顿来到林肯那里，气呼呼地对他说一位少将用侮辱的话指责他偏袒一些人。林肯建议斯坦顿写一封内容尖刻的信回敬那家伙。"可以狠狠地骂他一顿。"林肯说。斯坦顿立刻写了一封措辞强烈的信，然后拿给林肯看。林肯高声叫好："要的就是这个！好好训他一顿，真写绝了，斯坦顿。"可当斯坦顿把信叠好装进信封里时，林肯却叫住他，问道："你干什么？""寄出去呀。"斯坦顿有些摸不着头脑了。林肯大声说："不要胡闹，这封信不能发，快把它扔到炉子里去。凡是生气时写的信，我都是这么处理。这封信写得好，可写的时候你已经解了气，现在感觉好多了，那么就请你把它烧掉，再写第二封信吧。"

遇到事情，别被情绪左右，控制自己，学会反思，就不会由着性子说话，由着性子做事。

若想关系长久，请不要把抱怨挂在嘴边

临近毕业，宋飞因为既要忙于毕业论文，又要忙着找工作，所以，每天到很晚才睡觉。这天，他又像往常一样忙到很晚，刚躺下睡觉就被朋友洪强的电话给叫醒了。原来，洪强新近开了一家冷饮店，为了招揽顾客，他特意让宋飞等几个同学来玩。

刚开始的两天，宋飞忍着疲劳和困意，跟大家去店里坐到很晚才回家。但是他实在太累了，所以后来几天就没有去冷饮店。因为宋飞没有来帮忙，洪强很不高兴地说："咱们都几年的交情了，让你帮我几天，你还这么难请，真没有意思。"听到这话，宋飞既生气又无话可说。

我们都知道，宋飞不是不想帮洪强，而是自己确实太累了。后来，洪强还勉强宋飞去自己的冷饮店，说如果不去就是不够朋友，以后宋飞有什么困难他也不会帮。宋飞受到了好朋友的威胁，心里很不高兴，与洪强的关系也渐渐变淡了。

生活中，我们总会遇到帮助他人或者被他人帮助的事情，无

优秀的人不会输给情绪

论是帮助他人还是被人帮助，都必须是出于自愿，而不是出于别人言语或者肢体上的胁迫，谁都不希望被人威胁，即使是亲密的人之间也不可以。因此在日常与人交往中，我们一定要注意自己的言行，不要说一些有伤感情的话。

丁鹏和杨晓是大学同学，上大学的时候，两个人脾气、性格都相投，简直是无话不谈的好朋友。但是工作之后，可能因为丁鹏的工作压力比较大，每次见面，丁鹏都是一通抱怨，从家里到公司，从孩子到父母。比如，当他在工作中一直得不到升迁的时候，他会跟杨晓抱怨说："我都做了这么久的组长了，老板还不让我当经理，太让人失望了。"可是当他因为工作突出而终于当上了经理，他又会对杨晓说："给我升职了，可是工资只提高了这么一点点，真是让人失望。"后来，他又因为工作失误而被降职了，他又对杨晓抱怨说："不就是一个小小的失误吗？竟然如此无情，真是令人绝望。"

因为每次与丁鹏见面，杨晓听到的都是一些负能量的话语，再加上两个人的工作性质也不同，渐渐地，两个人之间的关系也淡了，从最初的一周一见面到后来的一个月也见不上一面。

生活中，我们会遇到像丁鹏这样的朋友，他们会经常向身边的朋友抱怨自己的不开心或是一些鸡毛蒜皮的事情，进而让身边的朋友受他们坏情绪的影响。当然了，对生活、工作有不满，请朋友分担本无可厚非，但总是将这种负面情绪传染给朋友，让朋友也受到影响，其实是不正确的做法，也让人很反感。

现实生活中，我们不仅不能总是说一些负能量的话、做一个经常抱怨的人，而且也不要结交这种经常抱怨的人。因为他们口中说出的负能量的话会在某种程度上影响我们的工作和生活，长时间下去也会使我们成为负能量爆棚的人。

马青青暑假里去一家杂志社实习，工作非常勤奋，领导很看重她，有心培养她，所以让她在写稿之余，也去各个部门帮帮忙，多学一些东西。于是，马青青一有时间就学习，不是跟着推销员到处跑业务，就是跟着宣传员做公司宣传，或者跟着产品检验员验收产品。

虽然有时候马青青感觉到很累，但是每当想到她能从中学到东西，她就感觉很开心，感觉一切都值了。这天，同事王刚带着几分不屑的口气对马青青说："你一个实习编辑，学什么网站建设啊，我看你也真是的，领导让你干什么你就干什么，领导无非就是想让你多做些事，你还当领导真想培养你啊，你别傻了。你安心把自己的工作做好就成了，把自己搞得那么累，有什么用，以前我也是像你一样积极勤快，现在还不是没啥发展！"

领导让马青青多干一些工作，多学习一些业务知识，对于马青青来说，肯定是一件好事。但是，王刚说的一些挑拨离间的话，不仅中伤了领导，也让马青青心中有了疑虑。

在日常与人相处时，我们一定要谨言慎行，控制自己的情绪，不说抱怨和指责的话，尤其不能说一些否定他人和挑拨他人关系的话。而在工作中，我们能做的就是尽量给予他人以支持和鼓励，而不是说一些负能量的话打击他人，这不仅对自己没有任何好处，还会有损自己的形象。

第九章

利己与利人

善人者，人亦善之。

——管仲

眼里看到的是优点，嘴里说出的就是善语

对待他人，有些人往往容易犯一些常识性的错误，而且是低级的、带有伤害性的，而有些错误可能会给我们造成终身遗憾。这其中就包括门缝里看人，即把人看扁了。现实生活中，总有些人习惯自以为是，认为自己高人一等，从而小看他人。自以为是的人见到他人就指指点点，不是撇嘴说这里不好，就是轻蔑地说那里不行，鼻孔里哼哼的，一副瞧不起人的样子。

陈晓明被老师推荐当校文学社的社刊主编。这让原来的副主编刘志轩很不高兴，他在社员会议上说："陈晓明只会写一些短文章，他当主编，我第一个不服气，还有很多人不服气。"而一些熟悉陈晓明的学生忍不住站出来据理力争，替陈晓明说话。大家争执不下的时候，陈晓明劝大家说："大家不要做无谓的争论了，既然老师让我做，那我就会全力去做，给我一段时间，如果做不好，我自动下台。"

从这次事件之后，陈晓明对社刊的工作尽心尽力，半个学期

过后，社刊得到全校众多学生的欢迎。而且陈晓明把社刊上的文章推荐给多家报刊，有二十多篇得以发表，为学校争了光，文学社也有了名气。此时，刘志轩想到自己当初的言行，非常羞愧。

俗话说：人不可貌相，海水不可斗量。说别人这也做不好那也做不好的人，无形之中就是在给自己的人际交往设置障碍。像刘志轩这样轻视、否定他人，又用言语伤害他人的行为，既破坏了彼此的感情，也损害了自己的形象，到头来无疑是得不偿失，自己难堪。

北宋初年有一位眉州考生孙抃，性格笃厚寡言，身材矮小近乎丑陋，常常遭受他人的讥讽和嘲笑。县尉李昭言看到他的时候，既震惊又失望，当场脱口而出："这般人物，世上能有几个？"言下之意是说他貌不惊人，无半点儿读书人的气质。然而没过多久，孙抃参加科举考试，以第三名的成绩考取进士甲科，不久升任执掌选拔官员的要职。李昭言知道后惭愧不已，没过多久就辞官回家了。而李昭言当街羞辱孙抃的事情则成了街头笑谈。

看完这个故事后，我们不禁感叹：人千万不要因别人样貌普通或者丑陋而对别人做出错误的评价。因为孙抃长得难看，李昭言就当众贬低他，让孙抃受到众人取笑，这样的做法显然是不对的。

我们常说"恶语伤人六月寒"。所以，在与人交往的过程中，我们不能总挑别人的毛病和缺点，随意用言语贬低和侮辱他人。因为我们不知道未来会发生什么，也可能就因为自己的一句不善之语就断送了自己的前程。

陈志明英语考试得了八十一分，以往月考他从来没及格过。这一次考八十一分是进步巨大，获得了英语老师的表扬。宋迪却说："怎么可能？进步有可能，以前都不及格，进步最多也就考及格吧！这才一个月，他有什么魔法？估计是考场上开了天眼。"宋迪话里有话，暗示陈志明考试作弊。陈志明非常生气地说："我成绩再差，也不会做抄袭那样败人品的事情！你不要侮辱我的人格！"陈志明从此再也不理宋迪。后来，陈志明再次考出高分。老师让英语成绩差的同学向陈志明学习，宋迪这才知道陈志明每天都坚持背诵二十个新单词，每天坚持写一篇英语短文，每天晚上还收听英语节目。

看扁人的人是丑陋的，内心是浅薄的。轻视的言语是轻狂的，思想是偏执的。这样的人对别人怀有成见和偏见，谁愿意和他亲近呢？

对于我们每一个人来说，无论发生任何事情，面对任何人，都不应该只盯着别人的缺点，看轻、看扁他人，从而说出伤人的话。我们要看到万事万物都有向上、向善的一面，并给予鼓励和支持，说出善良的话语才是一个人为人处世的正确做法。而这样的人也会因为自己的善良而获得更多人的喜爱和追随。

直话直说伤人心，适当之时可用迂回战术

　　有句话叫"夏虫不可语冰"。意思是说，夏天的虫子从未经历过冬季，因此你跟它讲"冰"这种冬天独有的风景，无论你描述得多么绘声绘色，它依然会觉得你是错误的。生活中也是如此，一些人由于受知识、阅历、环境甚至心理状态的影响，往往会产生一些偏执的念头，无论别人怎样解释，他都不理解别人所说的话，就像夏天的虫子一样。

　　当遇到这种人时，如果不是事关原则，不与之争辩是一个不错的选择。但是有的时候，一味地顺从他们也不是解决问题的方法，这时我们就需要采取一些策略，引导他们认识到"冬天的风景"到底是怎么样的。

　　一次，庄子正在濮水垂钓，楚王委派两位大夫前来请他。两位大夫道："吾王久闻先生贤名，欲以国事相累。深望先生欣然出山，上以为君王分忧，下以为黎民谋福。"闻此，庄子头也不回地淡然说道："我听说楚国有只神龟，死时已三千岁了。楚王将龟

壳珍藏在竹箱里，覆之以锦缎，供奉在庙堂之上。请问二位大夫，此龟是宁愿死后留骨而贵，还是宁愿生时在泥水中潜行曳尾呢？"两位大夫道："自然是愿活着在泥水中摇尾而行啦。"庄子说："两位大夫请回去吧，我也愿在泥水中曳尾而行。"两位大夫听了，只好悻悻然回去了。

我们都知道庄子生活的年代，等级森严，王权至上，不容冒犯，身处高位的两位大夫可能很难理解庄子的"宁可当一个平民而拒绝楚王邀请为官"的想法。如果庄子直白地拒绝两位大夫，很可能会引起争辩，甚至激怒两位大夫，从而使事情一发不可收拾。但是，聪明的庄子巧妙地用了一个"乌龟留骨而贵"的类比，表达了自己不愿为官的意思。

乌龟是两位大夫都见过的，因而他们就更容易通过这个类比明白庄子的感受，从而更容易接受他的做法。所以说现实中，如果我们想要对他人说一些话，但碍于直接说出这些话，可能会伤害到别人或者令别人不高兴的时候，我们不妨采用迂回战术，换一种方式表达内心的想法，这样或许对方就更容易接受了。

一次，某位局长在视察一个剧院工程时，看见工地上一排被拆了一半的楼房露出一整面难看的墙壁，于是便交代随行的官员：请艺术家把阳光自然投射的影子淡淡地画在墙上，就是最美的公共艺术了。

随行官员说："马上办。"可过了两个星期，局长问那面墙做好了没有，有个十分腼腆的科员说还没有。过了一个月，局长又询问墙的情况，回答仍是还没有。局长有些火了，把科长和科员叫到面前，板着脸质问拖延的原因。

科员轻声地说："局长，公共艺术，您不是说'公共'的意义就是，它必须来自艺术家的创作，而艺术家的创作还要经过一个和市民互动，得到市民响应、接受的过程吗？"局长点点头，科员接着说："您说过这个过程比艺术品本身还重要，是吗？"局长再次点头。科员继续说："那一面墙尽管只是画上一点影子，其实也是公共艺术的范畴，应该经过艺术家创作和市民互动的过程。局长说画什么就画上去，可就违背了公共艺术的基本精神，是不是不太妥当啊？"

人处在高位久了，就会不自觉地产生一种优越感，每个人都会这样。就拿局长与科员的对话来说，如果科员直接跟局长争辩"为什么没有按照要求把墙弄好"，那么，很可能会导致双方产生矛盾，甚至把事情弄得更糟。但这个科员十分聪明，懂得从局长认同的理念切入，通过一个个反问，引导局长走出了自己固定的思维模式，不但说服了局长，还给局长留下了深刻的印象。

日常生活中，当我们与他人的意见不统一的时候，我们可以采用迂回战术，换个思路说话，从对方认同的理念切入，设计一些环环相扣的问题，引导对方反省自身，不与其展开正面的冲突，以一种温和的说话态度解决问题。

艾米丽从小就很自卑，不愿接近任何人，因此男孩子都不愿接近她，由此她更加自卑了。于是，艾米丽到一位心理学家那里寻求帮助，她对心理学家说："我这一辈子都找不到喜欢自己的人了。"心理学家在了解了情况后对她说："艾米丽，你明天把自己打扮得漂漂亮亮的，我家有个晚会，请你来参加。"

艾米丽摇了摇头说："在晚会上，没有人会和我说话的，我还是不去了。"心理学家说："是这样的，参加晚会的人不少，互相认识的却不多。我想请你来帮忙为大家服务，你来了可不要像蜡烛似的坐着不动，相反，你得处处留心帮助人。要看见有哪位年轻人孤孤单单的，你就上前问好。"

艾米丽听了后说："好吧！"晚会上，艾米丽没有忘记自己的职责，她一心想着帮助别人。她大方地和那些孤单的年轻人搭话，年轻人也都很喜欢她，晚会结束的时候，有一个男孩子竟然主动要求送她回家！不久后，他们订婚了。

如果心理学家只是一味地劝解艾米丽"你要勇敢，要自信"，取得的效果肯定不会太理想。因为在艾米丽自己的观念里，自己根本成不了那样的人。她为自己的心设立了一道坚固的屏障，根本无法攻破。心理学家却没有正面强攻，而是迂回进取，利用了她善良的一面，要她去帮助和照顾那些落单的年轻人。这样她才会主动地和那些年轻人搭话，进而走出自卑自闭的心理阴影。

通过上面的这些例子，我们可以知道，在谈话中，如果对方在某一方面根本不认同自己，那么我们的直话直说、强攻将无效。这时不妨采用迂回战术，从对方认同的一方面入手，引导对方认同我们的想法，并由此展开进一步的沟通和交流。

不说昧良心的话，不做昧良心的事

　　据《左传·祁奚举贤》记载，公元前570年，晋国中军尉祁奚因为年纪大了，就向晋悼公请求告老还乡。晋悼公虽然非常不舍，但还是批准了。晋悼公询问祁奚谁可接替他担任中军尉一职，祁奚举荐了解狐。晋悼公听了之后，有点儿奇怪地问道："解狐不是你的杀父仇人吗？"祁奚回答："君上问的是我的继任者，不是问我的仇人。"晋悼公对此十分赞赏。遗憾的是，解狐还没等到正式上任就病死了。

　　于是，晋悼公又问祁奚还有谁可接替他的职位。祁奚又推荐了自己的儿子祁午。晋悼公又奇怪地问道："祁午可是你的儿子啊！"祁奚又回道："君上问的是我的继任者，不是问我的儿子。"晋悼公同样十分赞赏，并任命祁午为中军尉。

　　不久之后，中军尉副职羊舌职也死了，晋悼公再次征求祁奚的意见，看谁适合担当这个职位。祁奚向晋悼公推荐了羊舌职的儿子羊舌赤。晋悼公不解地问："你为何既举荐解狐这样的仇人，又推荐祁午这样与你关系密切的人呢？"祁奚答道："君上问的是何人能胜任，并不是问与我的关系啊！"晋悼公认为有理，羊舌赤于是被任命为中军尉副职。

祁奚为国家举荐贤能，可以说毫无偏忌之心，完全出于一片公心，唯才是举。如此"外举不避仇，内举不避亲"，真正做到了不说昧良心的话，不做昧良心的事。

我认识一位爱画画的朋友，外号叫"老杨头"。有一次，老杨头的国画作品入围某次美术大赛，但最后没有获得奖项。于是，老杨头就"炮轰"评委会不公平，并且请自己的朋友刘画家出来主持公道。刘画家在画坛有一定的地位，说话分量比较重。但刘画家看了朋友老杨头的所有作品之后，认为评委会的决定没有问题。于是，老杨头很生气地对刘画家说："你是我的朋友，怎么还不帮我说话呢？"

刘画家说："我必须诚实地说话，我有自己的立场，我不能因为你是我的朋友就昧着良心帮你说好话。而且正因为我是你的朋友，我才必须说真话，这是对你负责也是对我自己负责。要知道作为一个画者，品德比才华更重要。"老杨头本来很生气，但听完朋友刘画家的话后，深感惭愧，从此改掉了浮躁的坏毛病，一心作画并取得了不俗的成绩。

刘画家没有对老杨头的画进行没有根据的赞赏，反而直言评委会没有做错。这样的评价对老杨头无疑是残酷的。但从另一个方面来说，是对老杨头负责的，对所有评委会和参赛的画者来说也是公平、公正的。看了这个故事，我们应该知道，人无论说什么话，做什么事情，面对什么人，都应该有公正的立场，秉持善意做善事，不说昧良心的话，不做昧良心的事，由此才能堂堂正正地立足于社会。

一天，知县问师爷身边是否有懂农政的人，可以请来为他办事。师爷说自己身边没有这类人，但是一个叫刘琳的人可以胜任这项工作。于是，师爷就去请刘琳来府衙做事。师爷的朋友张恒听说后，不乐意了，埋怨对方没有推荐他去县衙做事。师爷对朋友说："知县要的是懂农政的人，你的长项是诗文而不是农政，刘琳是修水利、开阡陌、治马病、改进农耕器具的专家，给知县做事绰绰有余，这点你比不上他。我为知县找称职的人，不能因为我们关系好就推荐你去，我不能昧着良心做事。"

知县让师爷帮忙找懂农政的人，师爷没有推荐自己的好朋友，而是找了刘琳。这是因为师爷心中有一个标准，那就是所找之人必须符合懂农政这一要求，而不是不管有没有能力，就昧着良心唯友、唯亲是举。要知道，这样的做法不仅是不正确的，也是不符合做人做事的标准的。

现实生活中，相信朋友是对的，但绝不能因为是朋友就不加思索地帮助对方。

无论面对什么人，面对什么事，我们都必须坚持正义，心存善念，有自己的立场、判断和标准，不说昧良心的话，不做昧良心的事。如此，别人才会信任我们，才会主动找我们做事，我们未来的路才能越走越宽。

为他人着想的人，总能赢得他人的信任

恩格斯在二十岁出头的时候，就写出了像《国民经济学批判大纲》和《英国工人阶级状况》这样闪烁着思想火花的光辉著作。但自 1844 年认识了马克思后，恩格斯就下定决心要帮助马克思完成他无产阶级思想的学术研究。为了帮助马克思给无产阶级革命事业寻找真理，恩格斯毅然放弃了自己从事理论研究的选择，放弃了自己在政治经济学领域所取得的一切成果，毅然决然地承担起了为马克思一家谋求生活来源的后勤保障责任。而在马克思写作《资本论》时，恩格斯同样付出了巨大的心血和努力。

可以说，无论是在方法上还是在具体理论上，特别是在提供事实经验和统计资料方面，恩格斯自始至终都积极地参与了马克思经济学理论体系的创建工作。甚至到马克思逝世后，恩格斯还整理加工了《资本论》的第二卷和第三卷，花费了十年的时间对一些残缺不全的手稿做了大量的修改和润色，并编写了许多补充说明和附注插语。

而当大家称赞他的贡献时，他总是把一切功劳都归到马克思的身上。无论是在马克思生前还是逝后，恩格斯都在诚心诚意地帮助马克思做事。当然不管任何时候，马克思也都把恩格斯视为人生中最要好的朋友。而恩格斯不计个人名利，全力以赴地帮助朋友，而且始终如一，实在令人感动。这种为了朋友付出自己所能付出的一切的行为，正是恩格斯高尚品格的鲜明体现。

事实告诉我们，付出总是有回报的，恩格斯不仅成就了马克思，也成就了自己。而且恩格斯这样舍己为友的情谊，不但使马克思把他比作"灵魂的伙伴"，世人更是尊称他为"第二提琴手"。

通过恩格斯与马克思之间的深厚情谊我们了解到，诚心地帮朋友做事，尽心地为朋友服务，一定能赢得朋友的情谊和尊重。这告诉我们，在与朋友的交往中，如果我们能够站在朋友的立场上多为他们考虑，当然这个考虑必须是出于正义的、公平的、合理的，那么我们就能够收获到一份真诚的情谊。

雨果曾说过："有些人是铁，有些人则是磁石。"的确，生活中总有一些人，由于自身具有优秀的品质，并且能设身处地地为他人着想，身体力行地去实践优秀的品质，别人也就愿意靠近他，愿意与他深交。相反，那些只顾自己而忽略别人的人，是无法获得真正的友谊的。

小虎队解散后，吴奇隆的事业蒸蒸日上，"乖乖虎"苏有朋也因出演《还珠格格》中五阿哥一角而红遍大江南北。相比之下，

优秀的人不会输给情绪

"小帅虎"陈志朋的演艺生涯却一波三折，这让本来就多愁善感的陈志朋变得更加消沉。为此，作为大哥的吴奇隆忧心忡忡。

有一次，陈志朋在台湾参演话剧《看见太阳》，吴奇隆打听到该剧组里有自己曾经合作过的熟人，便立即打电话过去。他非常详细地说明了陈志朋的生活习惯和兴趣爱好，叮嘱对方要尽可能地照顾情绪低落的陈志朋，并且告诉对方千万不要和陈志朋提起这些。

随后，在外拍戏的吴奇隆向剧组请假，千里迢迢专程回台湾来为陈志朋的演出喝彩助威。演出结束后，陈志朋才知道吴奇隆在背后对自己的支持和关心。多年后，陈志朋在《有志者，朋》这本书里写道："我知道他对我的关心就像久违不见再见面的亲人一般，不，或许见到亲人都没有我现在的激动不已。当我抱着他时……我再也控制不了地放声大哭……"

真正的好朋友，一定不会只顾自己而不顾朋友的。生活中，当我们的好朋友遭到挫折时，我们一定要真诚地给予关心和安慰，尽可能地帮助他从困境中走出来。这样，朋友自然会把我们当成最好的朋友。

吴奇隆虽然很忙，却始终都在背后默默地帮助失意的陈志朋，不但委托熟人照顾他，自己还特意放下工作跑来鼓励和支持他。吴奇隆对陈志朋的关心已经超过了朋友之间的情谊，堪比亲人。如此能为朋友着想的吴奇隆能赢得陈志朋最深的友谊，也就不足为奇了。

通过上面这些故事我们可以看出，不管是通过说的方式还是通过做的方式，真正的朋友需要用心对待。正因为用一颗真心对待朋友，为朋友着想，才会赢得对方的深情厚谊。这也告诉我们，诚心地帮朋友做事，真诚地对待朋友，以及真心地替朋友着想，就能获得更多的朋友，得到朋友更深的友谊。

我们常说：多一个朋友多一条路。我们在人生道路上因为善良而结交的每一位朋友，无论是在学习方面还是能力方面都会给我们提供帮助。

与人交往不要只顾自己，要顾全大局

林飞和张强是同事，而且他俩同时追求一个女同事菲菲。同为三个人朋友的林冉一直都看好林飞，因为论才智和相貌，林飞都比张强更有优势。但令林冉万万没有想到的是，菲菲最后竟然选择了和张强在一起。

一天，林冉禁不住心里的好奇，问菲菲为什么会做出这样的决定。菲菲则微笑着跟林冉说："林飞和张强追求我的时候都对我特别好，特别宠我，那种好我无法用言语来形容。老实说，他们对我的好我都很感动，我也很喜欢他们两个人，甚至一度为不知道该选择谁而烦恼不已。但是前些日子的一件事情，让我最终做了决定，我明白自己最终应该选择谁了。"

林冉一听特别好奇，于是接着问到底是什么事情让她最终下定了决心。

菲菲说："咱们这里这两天不是下雨吗？你也知道我一向粗心大意，出门总是忘记带伞。前天下班的时候也下雨了，林飞带了一把比较大的伞在办公室门口等我下班。本来是一把挺大的伞，但是当林飞把我送到家的时候，我发现自己还是被雨淋湿了。

"而昨天上班的时候我再次忘记带伞了，正好遇见走在路上的张强，他的伞很小，但是他尽量把伞往我这边撑着，口中还说要我注意不要被雨淋到了。当我俩到公司的时候，我看到他的左边身子都湿透了，我身上却一点儿都没有被淋湿。很显然，前天下班林飞撑伞的时候根本没有为我考虑，想得更多的是他自己；而昨天张强撑伞的时候总是会往我这边倾斜，所以我才不会被淋湿。从这个细节中看出，张强能为我着想，这才是我想要的另一半，所以我决定选择张强。"

菲菲的话让林冉惊讶不已，同时让林冉恍然大悟。生活中，两个人共撑一把伞是常有的事，可是你撑的伞会倾斜向自己的一边还是别人的一边呢？这虽然只是一个小小的生活细节，却体现出了一个大道理——凡事多为别人考虑，别人才会乐于跟你交往。

2015—2016赛季西班牙国王杯半决赛，首轮回合一场焦点战在诺坎普球场展开争夺。最终，巴塞罗那主场7：0大胜瓦伦西亚，梅西上演"帽子戏法"，苏亚雷斯打入4个球。比赛结果更令球迷津津乐道的是，梅西凭借这场比赛的进球，职业生涯总进球数超过了500个球。在足球历史上，能达到这个进球数的球员并不多，所以现场观众对梅西的喝彩声不绝于耳。

喜欢足球比赛的朋友都知道，当一场比赛对某名球员很有纪念意义的时候，一般而言，比赛结束后，球员会取走比赛用球留作纪念。所以，本场比赛结束的第一时间，巴塞罗那的领队纳瓦尔兴奋地走向梅西，说道："恭喜你梅西，你是今天的大英雄，这是比赛用球，你应该好好收藏。"梅西却说："不，请把球交给苏亚雷斯吧，因为他也是今天的英雄，他上演了大四喜。"

纳瓦尔为梅西的行为所感动，他说："梅西，你不必让出球，因为我已经为苏亚雷斯准备了另一个球。放心吧，两个球都是这场比赛用球。这场比赛对你们来说都是很棒的体验，你们都值得拥有比赛用球。"听完，梅西才收下了比赛用球。最终，梅西与苏亚雷斯一人带着一个球离开了球场。

俗话说："好争的人，天将与之相争；谦让之人，天将与之相让。"在日常与人交往中，我们要善于为他人着想，不管是通过言语还是行为。

新西兰登山者希拉里和他的向导夏尔巴人丹增，历经千辛万苦，终于攀登到了与珠穆朗玛峰峰顶只有短短两米的距离。在此之前，世界上还从来没有人达到这样的高度。谁向前迈出几步，就可以成为人类有史以来登上珠峰的第一人。希拉里何尝不想拥有这个荣誉，然而他决定把这个必将载入史册的荣誉让给丹增，他说："这是在你的家乡，还是请你先上吧！"这位老实的向导不明白首先登上珠峰的重大意义，他向前走了几步，登上世界之巅，在那里留下了人类有史以来的第一行脚印。而希拉里虽然没有成为登顶第一人，但他却获得了更大的荣誉。人们赞扬他，说他："在冲顶的那一瞬间，战胜了比珠峰还高的欲望。他登上了人性的最高峰。"

第一只能有一个，不可能有第二个。巨大的荣誉却有着残酷的排他性，但希拉里做出了被世人称颂的谦让，也获得了更美好的荣誉。谦让，体现出一个人的修养和品德。播种谦让的美德，必然会收获人格的荣誉。

明代礼部尚书杨翥家宅院的地基被邻居占去三尺，家人为此与对方发生争执，并希望杨翥利用职权，夺回宅地。而杨翥一笑了之，并提笔写诗作答："余地无多莫较量，一条分成两家墙，普天之下皆王土，再让三尺又何妨？"杨翥的礼让谦和气度令邻居大为感动，非但不再争执，反而主动多让三尺，结果形成一条六尺宽的胡同，后人称为"六尺巷"。

要知道，人与人之间都是相互的，你谦让别人，照顾别人，别人才会谦让你，照顾你，你才能拥有更好的人缘。说话也是一样，只顾自己的感受想到哪说到哪肯定是不行的，人要多为他人考虑，为他人着想。

常为他人考虑者，更能赢得他人的好感

本书最后这一篇文章，我想讲一讲我最敬佩的一位帝王，也就是宋仁宗赵祯的一些故事。

1063 年，宋仁宗去世的消息传出后，百姓自动停市哀悼，焚烧纸钱的烟雾飘满了开封城的上空，以致天日无光。官员周长孺来到四川一带，竟看见山沟里打水的妇女们头戴纸糊的孝帽哀悼皇帝驾崩。可见宋仁宗受百姓爱戴程度之深，而这一切都源于他是一位"仁"皇帝。

宋仁宗贵为天子，但特别省吃俭用。他在宴会上常穿一再洗过的衣服，床褥多是用粗绸制成。据宋朝陈师道《后山谈丛》记载，时值初秋，官员献上蛤蜊，宋仁宗问："这些多少钱？"官员回答说："每枚一千钱，共二十八枚。"宋仁宗一听很不高兴，说："朕常告诫你们不要奢侈，现在一下筷子就得花费两万八千钱，朕吃不下！"说完，宋仁宗放下了筷子。在中国历史上，像宋仁宗这样拥有绝对权力但还能谨慎行使权力的皇帝少之又少。

有一次，宋仁宗散步的时候，时不时地会回头看，随从们都不知道宋仁宗要干什么。直到宋仁宗回宫后，对嫔妃说道："朕渴坏了，快倒热水来。"嫔妃觉得奇怪，问宋仁宗："为什么在外面的时候不让随从伺候饮水，而要忍着口渴呢？"宋仁宗说："朕屡屡回头，但没有看见他们准备水壶，如果朕问的话，肯定有人要被处罚了，所以就忍着口渴回来再喝水了。"

还有一次，宋仁宗对近臣说："昨夜朕饿了，夜不能寐，想吃烤羊肉。"近臣说："陛下为何不降旨要烤羊肉？"宋仁宗说："朕听说皇宫每次有索取，外面就会以为这是一种制度，朕害怕因此而导致外面每天夜里杀羊来给朕准备，这样会导致杀生太多。"近臣听了仁宗皇帝的话，纷纷高呼万岁。我相信这一声万岁是他们发自内心的呼喊。

皇帝作为封建社会的最高统治者，习惯了一切以自我为中心，能为他人着想的少之又少，但宋仁宗算是其中难得的一位。宋仁宗忍着口渴，只是不想让随从受处罚；宋仁宗忍着饥饿，只是不想杀生太多，这种心里牵挂着天下万物的好皇帝，真的很难得，怎能不让人敬慕和爱戴。

苏轼的弟弟苏辙参加进士考试，曾在试卷里写道："我在路上听人说，宫中美女数以千计，终日里歌舞饮酒，纸醉金迷。皇上既不关心老百姓的疾苦，也不跟大臣商量治国安邦大计。"其实苏辙这些话纯属道听途说，完全与事实不符。于是，考官们打算治苏辙的罪，但宋仁宗听到此事后说："朕设立科举考试，本来就是要敢言之士勇于进谏的。苏辙一个学生，敢于如此直言，应该特予功名。"于是苏辙反倒考上了进士。

有人说，苏辙说出这种大逆不道、辱没君主的话，如果赶上昏庸的君主，灭三族是必然的。但宋仁宗思想开明，能容人所不能容。他不但没有批评和处罚苏辙，还为苏辙说好话。这种胸襟，真可谓宽阔如海洋。

宋仁宗对子民仁慈，对他国之民也常怀仁爱之心。有一次，出使北方的使者报告说高丽的贡物越来越少了，提议出兵攻打。宋仁宗说："这只是高丽国君的罪过。现在出兵，国君不一定会被杀，反而要杀死无数百姓。"最终宋仁宗没有发兵。虽然宋仁宗不够铁血，不够强权，但凭着一颗仁心，他治下的大宋王朝，人民安乐，经济繁荣，涌现出了包拯、苏东坡、王安石、司马光、欧阳修、范仲淹等能臣贤士。

蜀中有一个举人写诗给成都知府，里面有这么一句："把断剑门烧栈道，西川别是一乾坤。"这是一首鼓动地方割据独立的反诗。如果这事发生在别的朝代，为政者必定会追责了。但是，宋仁宗对此却哈哈大笑，说这不过是老秀才急于求官而做出的荒唐事，就让他做个司户参军吧。

宋仁宗年少时，由刘太后垂帘听政。当时有个大臣叫程琳，特意给太后进献了一幅《武后临朝图》，意欲鼓动刘太后篡宋自立，走武则天当年的路线。也幸亏刘太后深明大义，没有做出过激行为。宋仁宗长大亲政，有人旧事重提，以此来弹劾程琳。宋仁宗只是一笑说，他只是为了讨好太后，向太后表忠心而已，没必要小题大做。于是，继续重用程琳。

某天晚上，宋仁宗批阅奏章到深夜，准备回寝宫时，听到宫外面传来阵阵丝竹歌声，热闹非凡，便问："这是哪里的声音？"宫人回答说："皇上，是外面酒楼的声音。外面这么热闹，是不是显得我们宫里太冷清了？"宋仁宗笑了笑说："宫内冷清能换得外面老百姓热闹，这很好呀。如果我们宫里热闹，恐怕老百姓就要活得冷清了。"宋仁宗就是如此善良。

可以说，当宋仁宗去世的消息传出后，百姓能够对他如此厚爱礼敬，与他生前对百姓和大臣们的包容和仁爱有莫大关系。这告诉我们，一个人如果能发自内心地为他人着想，用仁慈和善良来对待他人，那么他人也会以同样的态度给以回报，所谓"投之以桃，报之以李"也正是这个道理。

作为一代君王，宋仁宗能放下威严，说出这些体恤下级、怜爱下属的话，那么我们普通人为什么不能这样做呢？我们完全可以学习宋仁宗那种充满仁爱和善良的说话、做事的态度，这就能为我们赢得好人缘，未来也就更容易成功了。